VORTRÄGE UND AUFSÄTZE ÜBER
ENTWICKLUNGSMECHANIK DER ORGANISMEN
HERAUSGEGEBEN VON WILHELM ROUX

HEFT XXXII

FORMEN UND KRÄFTE IN DER LEBENDIGEN NATUR

BEITRAG VII ZUR SYNTHETISCHEN MORPHOLOGIE

VON

PROF. DR. MARTIN HEIDENHAIN
VORSTAND DES ANATOMISCHEN INSTITUTS ZU TÜBINGEN

MIT 22 ABBILDUNGEN

SPRINGER-VERLAG BERLIN HEIDELBERG GMBH

1923

ISBN 978-3-662-01829-3   ISBN 978-3-662-02124-8 (eBook)
DOI 10.1007/978-3-662-02124-8

DEM HOCHBERÜHMTEN
MEISTER DER NEUROLOGIE

PROFESSOR S. RAMÓN Y CAJAL
ZU MADRID

ANLÄSSLICH SEINES 70. GEBURTSTAGES

IN VEREHRUNG UND DANKBARKEIT

GEWIDMET

VOM VERFASSER

INHALTSANGABE

I. Hauptteil: Die äquipotentiellen Systeme und die analytische Theorie der Entwicklung von Driesch.

A. Historische Einleitung: Zellenlehre und Totalitätsidee, analytische und synthetische Auffassung.

In der vorliegenden Studie soll ein weiterer Beitrag zur Theorie der tierischen Formbildung geliefert werden, und zwar in der bestimmten Absicht, darauf hinzuweisen, daß wir in einem Umschwunge der Ansichten betreffend Bau und Entwicklung unseres Körpers begriffen sind. Um dies klar zu legen, ist es notwendig, eine historische Anknüpfung zu suchen.

Es ist bekannt, daß wir die Grundlagen unserer Wissenschaft der Zellentheorie Theodor Schwanns verdanken (1839), welche seinerzeit mit großer Begeisterung aufgenommen und unmittelbar darauf von vielen ausgezeichneten Gelehrten, vor allem durch Purkinje, Remak, Kölliker und R. Virchow, um nur die berühmtesten Namen zu nennen, weiter ausgearbeitet wurde. Diese Theorie besagt im Sinne ihres Urhebers, daß der gesamte tierische Körper ebenso wie der pflanzliche aus Zellen entsteht und durch deren Tätigkeit hervorgebracht wird, und es hatte somit diese Theorie ihrem Ursprunge nach einen entwicklungsgeschichtlichen Charakter. In der späteren Nachfolge Schwanns wurde jedoch der entwicklungsgeschichtliche Sinn der Zellentheorie verdunkelt durch das Bestreben der Autoren, die Sache so hinzustellen, als ob Schwann eine Theorie der Zusammensetzung des fertigen Körpers, also eine reine Strukturtheorie, hätte geben wollen, und in diesem Sinne wurden die Zellen als die Bausteine des Organismus bezeichnet, wobei die Gegenwart der Intercellularsubstanzen geflissentlich übersehen wurde. Unser Körper erschien somit morphologisch als eine Zusammenscharung, ein Aggregat, eine Kolonie von Zellen und, da man in den 30er und 40er Jahren des vorigen Jahrhunderts die einzelligen Pflanzen und Tiere entdeckt hatte, so galten die Gewebezellen in physiologischer Beziehung nicht nur überhaupt als die »Träger des Lebens«, sondern man schrieb ihnen nach dem Vorgange Schwanns und Köllikers bis in die neueste Zeit hinein einen hohen Grad von Selbständigkeit zu. Somit erschien der Körper der höheren Geschöpfe als eine Versammlung lebendiger Einzelwesen und es braucht nicht näher erörtert werden, daß die Theorie vom Zellenstaate, welche in den 50er Jahren zum ersten Male auftauchte, dieser Vorstellung einen prägnanten Ausdruck gab. Die Entwicklung der Deszendenztheorie (von 1859 an) hat dann weiterhin dem hier erörterten Vorstellungskreise neue Nahrung gegeben, da zu ihren unentbehrlichen Voraussetzungen eine ununterbrochene Geschlechterfolge aller Zellen auf dem Wege der natürlichen Abstammung und die Entstehung der mehrzelligen Pflanzen und Tiere auf dem Wege der Koloniebildung gehört.

Diese ganze Vorstellungswelt einschließlich der Theorie vom Zellenstaate (vgl. z. B. bei Boveri und O. Hertwig) ist uns bis zum heutigen Tage geblieben, denn so ungeheuer auch der Fortschritt unserer Wissenschaft auf dem Gebiete der praktischen Analyse der Tier- und Pflanzenformen im fertigen und Embryonalzustande gewesen ist, so gering ist der Fortschritt in den Grundanschauungen. Mehr als zwei Generationen von Gelehrten lebten sich aus, indem sie die tierischen Formen in ihre Einzelbestandteile auflösten und gewissermaßen eine empirische Formel der Zusammensetzung der Geschöpfe aufstellten. Bei diesen Bestrebungen verfeinerte man sich im Laufe der Jahrzehnte immer mehr und mehr. Seit den 6oer Jahren fing man an über die Gewebe hinauszugehen und begann mit der Analyse der Zelle in gleichem Sinne und sammelte auch auf diesem Felde eine ungemeine Menge von Einzelkenntnissen. Die Morphologie war und blieb Zergliederungskunst. Der analytischen Form der Untersuchungsmethoden folgte das analytisch eingestellte Denken in der Theorie und es wird noch erinnerlich sein, wie Altmann die Zelle selbst wiederum für eine Kolonie lebendiger Einzelwesen, seiner Granula oder Bioblasten, ansehen wollte.

Kurz: die Analyse als Methode und die Analyse als Theorie beherrschten das Feld. Morphologisch erschien unser Körper als ein Aggregat oder eine Summe von Zellen; physiologisch wollten unsere besten Autoren, Schwann, Kölliker, Brücke, Remak, Virchow, die Gesamtleistung des Körpers verstehen als eine Summation der Einzelleistungen der Zellen. Eine Theorie lebendiger Systeme höherer Ordnung und den Begriff einer Konstitution der Formen, vermittelt durch Systemfunktionen, gab es nicht. Wie aus einer bloßen Summe von Zellen die Einheit der Form, die Totalität des Körpers sich gestaltet, das war ein Problem, welches in der Biologie kaum in Erwägung gezogen wurde. So auch auf dem Gebiete der Entwicklungsgeschichte. Der Embryo wurde wie ein histologisches Objekt behandelt, in seine zelligen Bestandteile auseinandergelegt und auf diese die Funktionen der Formbildung gleichsam ausgeteilt. So ergab sich infolge des analytisch eingestellten Denkens die Vorstellung einer Entwicklung nach Zellenstämmen oder »in getrennten Reihen« (Mosaiktheorie nach Roux). Wenn auch im Gegensatz hierzu von vielen Autoren eine Beziehung. aller Teile des wachsenden Embryos untereinander durch Vermittlung der sogen. Korrelationen anerkannt wurde, so blieb doch dieser Begriff im allgemeinen leer, in Ermangelung einer einheitlichen Auffassung von den Kräften, welche diese Korrelationen besorgen.

Wenn es nun eine selbstverständliche Wahrheit ist, daß keine Wissenschaft und am wenigsten unsere Morphologie ohne Analyse bestehen kann, so ist es doch ebenso eine Wahrheit, daß über den massenhaft sich stellenden Aufgaben der anatomischen Zergliederung die Theorie der tierischen Formbildung zu kurz gekommen ist, denn eine solche kann aus der fortgesetzten Analyse des Körpers allein nicht gewonnen werden, wie die Geschichte unserer Wissenschaft zeigt. Freilich wollte die Theorie vom Zellenstaate vermöge des Prinzipes der Arbeitsteilung die zerstückten Glieder unseres Körpers wiederum zu einheitlicher Tätigkeit versammeln; aber jene Einheit der Leistung, welche in der Formbildung zum Vorschein kommt, kann nicht als eine Sammelfunktion aus den Einzelleistungen einer Summe von Zellen begriffen werden und so hat diese Theorie niemals zur Erklärung tierischer Formbildung etwas Ernstliches beitragen können. Unser Körper ist eben in Wahrheit keine Vergesellschaftung von Einzelpersonen, sondern nach meiner Formel ein lebendiger Kosmos, welcher im Laufe der Entwicklung durch eine unaufhaltsam fortschreitende Synthese der durch Assimilation, Wachstum und Teilung sich stetig vermehrenden Formwerte entsteht, wobei der wachsende Keim sich in Verbände oder Wirkungskreise niederer und höherer Ordnung gliedert.

Tierische und pflanzliche Geschöpfe bringt die Natur in unendlicher Fülle der Gestaltungen hervor; was kann verschiedener geartet sein als eine Aktinie, ein Seestern, ein Ringelwurm, ein Insekt, ein Wirbeltier? Diese Verschiedenheit der Typen hat mit der Ökonomie des tierischen Körpers, mit der Verdauung, Aufsaugung, Bewegung usf. unmittelbar nichts zu tun, sondern die Typen entstehen auf Grund einer zwingenden Dynamik der Entwicklung, welche in den Grundeigenschaften der lebendigen Materie wurzelt. Aus ihr geht diese gewisse Einheit der Formerscheinung im Ganzen hervor, an welcher auch die untergeordneten Gliederungen ihren entsprechenden Anteil haben. Wir sehen eine gewisse Stilreinheit der Formen vor uns, ein harmonisches Gefüge, welches schon bei oberflächlicher Betrachtung in den Verhältnissen der Symmetrie, Antimerie und Metamerie bei Tieren und Pflanzen zum Vorschein kommt und wir schließen daher auf das Walten gewisser Gesetze der Entwicklung, welche die synthetische Einheit der Formen verbürgen, obwohl und trotzdem wir durch eine praktisch und theoretisch bis zum äußersten fortgesetzte Zergliederung die ganze Formenwelt in ihre Bestandteile aufgelöst und in einen Trümmerhaufen verwandelt haben. Wenn also in der Nachfolge Schwanns die Analyse als Methode und Theorie herrschend war, wodurch der eine Teil unseres wissenschaftlichen Systems fast bis zur Vollendung gebracht wurde, so müssen wir uns nunmehr mit dem anderen Teile beschäftigen, nämlich mit der Aufgabe, den Körper in seiner Totalität als Formerscheinung oder als embryodynamisches System wiederherzustellen, ein Problem, welches sich bei allen zusammengesetzten Organen und Teilen, wenn auch in geringerem Umfange, wiederholt, entsprechend der synthetischen Arbeitsweise der Natur in der Entwicklung, welche einen stufenartigen Bau des Organismus in Gliederungen niederer und höherer Ordnung zur Folge hat. Der analytischen Bewirtschaftung der Embryologie muß die Einsicht in die Einheit der Form und der Leistung, der Zellentheorie Schwanns die synthetische Auffassung, der Zersplitterung unserer praktischen Arbeit in tausend Einzelheiten die Totalitätsidee gegenübergestellt werden.

Dies war meine Meinung seit dem Beginne meiner wissenschaftlichen Tätigkeit und ich werde weiter unten darauf zu sprechen kommen, in welcher Weise ich die Aufgabe seinerzeit zu bewältigen dachte. Meine Bemühungen hatten ganz offenbar seit einer langen Reihe von Jahren, wenn auch auf einem anderen Gebiete, mit ganz anderen Mitteln und mit ganz anderen Erfolgen ein ähnliches Ziel wie die Arbeiten von Driesch, welcher in den letzten Jahrzehnten bei uns in Deutschland der bekannteste und konsequenteste Vertreter der Totalitätsidee war. Dieser Philosoph und Logiker im Naturforscherkleide hat uns eine glänzende Reihe experimenteller Untersuchungen, besonders am wachsenden Keime der Echinodermen, bescheert und aus diesen eine Theorie der Entwicklung abgeleitet, für welche die Idee der harmonischen Einheit der Formerscheinung bei Tieren und Pflanzen maßgeblich gewesen ist, die aber trotz ihrer zweifellos geistreichen Durchführung die allgemeine Anerkennung nicht hat finden können, weil der Autor einen vitalistischen Faktor in das Entwicklungsgeschehen einführt. Das naturphilosophische System Drieschs ist in umfassender Weise dargestellt in seiner »Philosophie des Organischen« (2. Aufl. 1921), einem Buche, welches ohne Frage an vielen Stellen schwierig und dunkel ist und nicht ohne ein Studium wenigstens eines Teils seiner Vorarbeiten verstanden werden kann. Aber in dem allgemeinen Gedanken einer lebendigen Totalität des tierischen Körpers, von welchem die Teile abhängig sind, oder, wie ich es lieber ausdrücken würde, in dem Gedanken einer Überwindung Schwanns und der Alleinherrschaft der Zellenlehre, bin ich mit dem Autor einverstanden. Und nicht nur dies: es hat sich auch eine gewisse Übereinstimmung der beiderseitigen praktischen Erfahrungen am Objekte ergeben, obwohl unsere Arbeitsgebiete außerordentlich weit auseinanderliegen. Bei meinem letzten Objekte, den Speicheldrüsen des Menschen und der Säuger, ist eine ganze Anzahl von Tatsachen wiederum zum Vorschein gekommen, welche Driesch bei Gelegenheit seiner experimentellen Untersuchungen über die frühe Entwicklung der Echinodermen vor vielen Jahren aufgefunden hat. Daher habe ich geglaubt, es könne von Interesse sein, in der vorliegenden Bearbeitung die Parallelen festzustellen und aufs neue zu zeigen, daß jedes lebendige Objekt bei aufmerksamer Betrachtung geeignet ist, eine

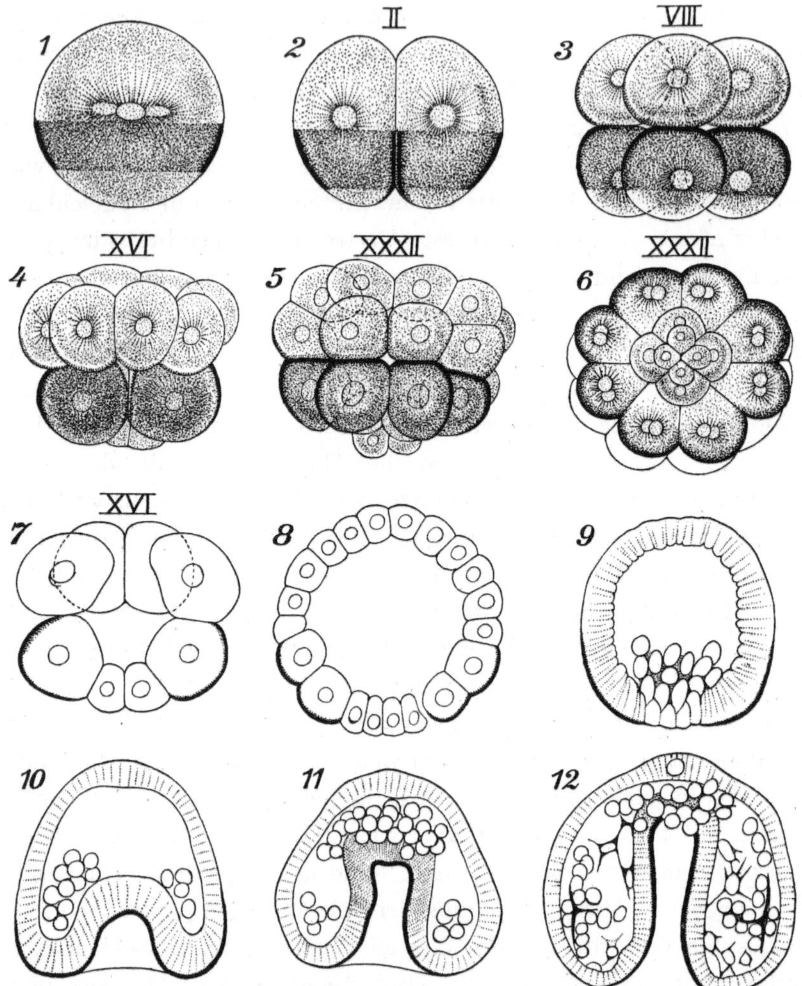

Abb. 1. Entwicklung von *Strongylocentrotus lividus* nach Boveri. 1. Befruchtetes Ei im Stadium der Aureole mit Pigmentring. 2. Zweizellenstadium. 3. Achtzellenstadium. 4. 16 zelliges Stadium: 8 Mesomeren, 4 Makromeren mit Pigment, 4 Mikromeren. 5. Stadium mit 32 Zellen. 6. Dasselbe Stadium vom vegetativen Pole aus gesehen. Die Abb. 7—12 stellen optische Langschnitte der Keime dar; bei allen ist der animale Pol nach oben gerichtet. Die Lage des Pigmentringes ist durch starke Konturierung gekennzeichnet. 7. 16-Zellenstadium. 8. Etwas späteres Stadium. 9. Blastula. 10—11. Zwei Stadien der Gastrulation; bei 11 Bildung des sekundären Mesenchyms. 12. Bilateralsymmetrische Gastrula; die pigmentierte Zellschicht ist gänzlich in den Urdarm aufgenommen worden.

Unterlage für solche Untersuchungen zu bilden, welche die äußersten Grundlagen des Baues und der Entwicklung lebendiger Geschöpfe zum Gegenstande haben.

Zu diesem Behufe ist notwendig, zunächst die normale Entwicklung des Seeigeleies in der Darstellung Boveris und die experimentellen Untersuchungen Drieschs am gleichen Objekt samt seinen Schlußfolgerungen dem Leser vorzuführen. Weiterhin werde ich einen kurzen Auszug aus meinen Arbeiten über die Speicheldrüsen bringen und die Parallelen aufstellen. Schließlich werde ich im Gegensatz zu der vitalistischen Theorie Drieschs die Anfänge einer synthetischen Theorie der Entwicklung zu begründen oder vielmehr weiterzuleiten versuchen, und zwar mit besonderer Berücksichtigung der Beziehungen zwischen den Formen und Kräften in der lebendigen Natur.

B. Die Untersuchungen am Seeigelkeim.

a) Die normale Entwicklung von Strongylocentrotus nach Boveri.

Da die Eier der Seeigel ein hervorragendes Objekt für die experimentelle Embryologie sind, so hat Boveri (1901) die normale Entwicklung des Eies von *Strongylocentrotus lividus* noch einmal sehr genau untersucht; in dieser vortrefflichen Arbeit kommt der Autor zu einer allgemeinen Bestätigung von Drieschs Annahme betreffend eine polare Struktur oder Richtungsorganisation des Echinidenkeimes, deren allgemeine Orientierung im Raume durch Einführung einer Konstruktionslinie oder Achse mit ungleichen Polen zum Ausdruck gebracht werden kann. Nach der Bildung des Richtungskörpers am animalen Pole des Eies sammelt sich ein anfänglich gleichmäßig über die Oberfläche hin verteiltes orangegelbes Pigment auf der vegetativen Hälfte des Eies in Form eines breiten durchaus oberflächlichen Gürtels an (Abb. 1), so daß nunmehr für die äußere Betrachtung eine Schichtung der Eisubstanz in drei Gliedern wahrnehmbar wird, nämlich eine schmale klare Schichte von Eiprotoplasma am unteren vegetativen Pole, die Schichte des Pigmentringes und die obere abermals klare animale Hälfte des Eies. Die Ebene des Pigmentringes liegt senkrecht über der angenommenen Richtungsachse und bringt nach Boveri die polare Orientierung der Eistruktur zum Ausdruck. Da das Pigment sich dauernd in gleicher Lage erhält, so ist es möglich, festzustellen, daß die anfängliche Polarität des Keimes der Reihe nach auf die Morula, Blastula und schließlich auf die Gastrula übernommen wird.

Die beiden ersten Furchen sind ähnlich gelagert wie bei dem bekannten Beispiel des Froscheies, schneiden also meridional durch und legen das Ei zunächst in zwei, dann in vier Zellen auseinander; diese weisen entsprechend der geschilderten Schichtung des Eiprotoplasmas am vegetativen Pole eine kleine pigmentfreie Kuppe auf (Abb. 1 bei 2). Die dritte Furche liegt horizontal und erzeugt zwei übereinandergelagerte Zellenkränze zu je vieren, wobei das Pigment fast gänzlich auf der vegetativen Seite bleibt (Abb. 1 bei 3, Achtzellenstadium). Darauf teilen sich die vier pigmentfreien Blastomeren am animalen Pole in meridionaler Richtung, während die vier vegetativen durch eine horizontale Furche ihren durchsichtigen protoplasmatischen Teil in Gestalt von vier kleinen Zellen abgliedern. So entsteht das charakteristische 16-Zellenstadium des Echinidenkeimes (Abb. 1 bei 4 und 7); wir haben vier Mikromeren, darüber vier Makromeren, welche entsprechend der Außenfläche des Keimes die besprochene Pigmentierung zeigen, und abermals darüber acht klare Mesomeren. Weiterhin entsteht das 32-Zellenstadium durch zwei horizontale Furchen, welche einerseits die Mesomeren des animalen Poles andererseits die Mikromeren durchteilen und je in zwei übereinandergelagerte Zellenkränze zerlegen, während gleicherzeit die vier pigmentierten Makromeren durch meridionale Furchen auf die Achtzahl gebracht werden (Abb. 1 bei 5 und 6). Aus der weiteren Folge der Teilungsschritte geht die kugelförmige Blastula hervor, wobei allmählich die Unterschiede der Zellengrößen verschwinden ,während der Pigmentring bestehen bleibt, an welchem die Polarität des Eies dauernd kenntlich bleibt (Abb. 1 bei 8 und 9). Jede einzelne Zelle der epithelartigen Wandschichte der Blastula trägt eine Geißel, vermöge deren der Embryo schon innerhalb der Dotterhaut in eine rotierende Bewegung übergeht. Späterhin tritt die Larve aus und schwimmt frei umher (Abb. 2). Das primäre Mesenchym bildet sich stets vom vegetativen Pole aus und stets tritt bei dieser Gelegenheit das ganze untere unpigmentierte Feld in das Innere der Larve ein (Abb. 1 bei 8—10). Nach der Mesenchymbildung ist der vegetative Pol des Keimes etwas breiter und abgeplattet, der animale Pol schmäler und stärker abgerundet, so daß der Bau der Larve nunmehr wieder deutlich in der Richtung der früheren Achse orientiert ist (Abb. 1 bei 10 und 11). Weiterhin invaginiert sich bei Gelegenheit der Gastrulation der gesamte pigmentierte Gürtel, wie es unsere Abbildung zur Anschauung bringt. Schießlich lege ich zur Ergänzung unserer Bilderreihe Abb. 3 und 4 vor; die erstere zeigt die Bewimperung der Gastrula, die letztere gibt ein Beispiel der *Pluteus*-Larve mit Verdeutlichung der Wimperschnur entlang den Armen.

Gesamtresultat: Den drei am reifen Ei durch die Pigmentierung unterscheidbaren Zonen entsprechen die drei

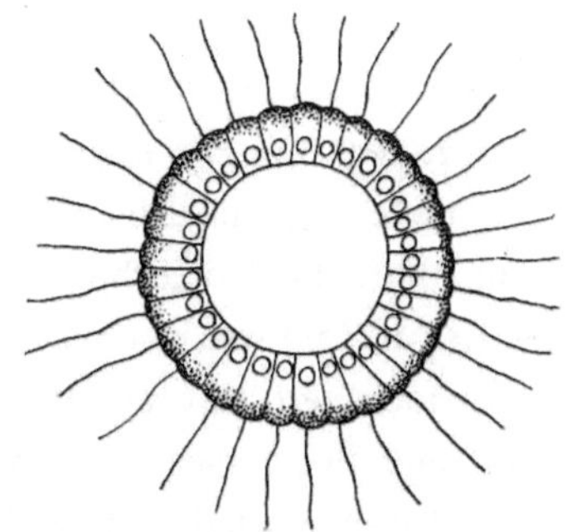

Abb. 2. Blastula von *Strongylocentrotus lividus* mit dem Wimperkleide. Nach Selenka aus Claus-Grobben, Lehrb. d. Zool. (Auf $^3/_4$ der Original-Abb. verkleinert.)

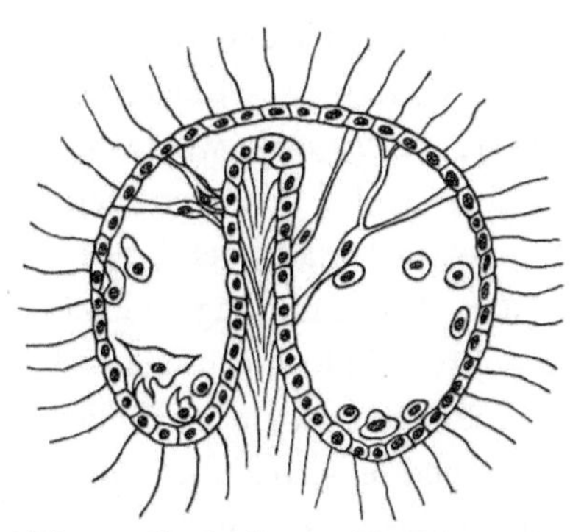

Abb. 3. Gastrula von *Toxopneustes* mit dem Wimperkleide. Nach Selenka aus Korschelt und Heider, Lehrb. d. vergl. Entwgesch. (Auf $^3/_4$ der Original-Abb. verkleinert.)

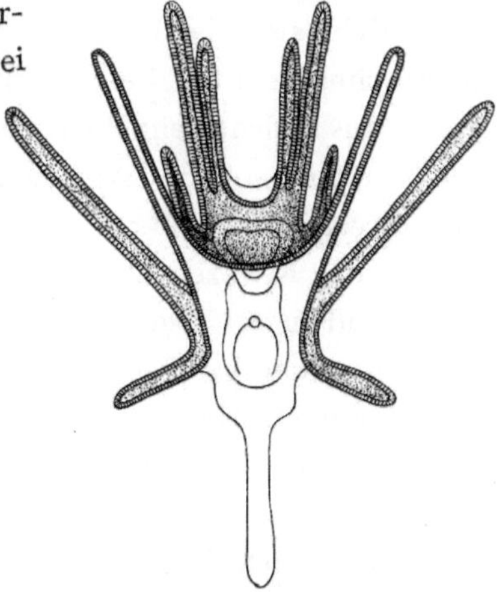

Abb. 4. *Pluteus*-Larve einer Spantangide aus Bronns Klassen und Ordnungen. (Auf $^3/_4$ der Original-Abb. verkleinert.)

Primitivorgane der Larve. Im normalen Ablaufe der Dinge liefert die vegetative unpigmentierte Kappe das primäre Mesenchym und also auch das Larvenskelett, die pigmentierte Zone bildet den Darm und seine Derivate, die unpigmentierte animale Hälfte den Ektoblast und seine Differenzierungen. Die Polarität des unbefruchteten Eies erhält sich dauernd und wird auf die Larve übernommen.

b) Die experimentellen Untersuchungen von Driesch.

1. Erfahrungen über Entwicklung isolierter Blastomeren.

Schüttelt man die Eier des Seeigels nach Eintritt der Befruchtung, so kann man die Dotterhaut entfernen; schon hierbei gelingt es, die Zellen der Keime wenigstens teilweise voneinander zu trennen. Besten Erfolg jedoch verbürgt die Methode von Herbst, die Eier für kurze Zeit in kalkfreies Seewasser zu übertragen; nimmt man darauf die Objekte mit der Pipette wiederum auf und bringt sie in reines Seewasser, so gewahrt man eine vermehrte Neigung der Keime auseinanderzufallen und man erhält leicht viele einzelne Blastomeren oder bei fortgeschrittenen Keimen Gruppen von solchen. Als Material dienten die Eier von *Sphaerechinus granularis* und *Echinus microtuberculatus*.

Die isolierten Blastomeren des Zweizellenstadiums oder die $1/_2$-Blastomeren (welche also die Hälfte des ganzen Keimes repräsentieren) treten in die Furchung ein und liefern zunächst eine entsprechend verkleinerte Gastrula, aus welcher ein ebenso verkleinerter Pluteus hervorgeht (vgl. hierzu die Abb. 5 und 6). Was die Furchungsstadien der $1/_2$-Blastomere angeht, so verlaufen sie bei *Sphaerechinus* immer, bei *Echinus* wenigstens zu Beginn der Reifezeit als »Ganzfurchung«, d. h. der Keim erscheint kompakt und liefert sogleich eine vollständige Gastrula. Bei *Echinus* zeigt sich indessen am Ende der Reifezeit auch »Halbfurchung«, also in . der Art, als ob ein Hemiembryo entstehen wollte. Jedoch schließt sich die Blastula, wenn sie nicht vorher schon geschlossen war, nach Ablauf der Furchung und es entsteht eine normale, verkleinerte, aber ganze Larve. Dieser »Schluß der Blastula«, d. h. das Zusammenschließen einer bis dahin einseitwenig offenen, also halben Morula geschieht nur durch Lageveränderung der Teile, nicht durch regenerative Zellproduktion. Dementsprechend beträgt die Anzahl der Zellen im primären Mesenchym, welche leicht festgestellt werden kann, fast genau die Hälfte der normalen Zahl.

Bei den $1/_4$-Blastomeren, den isolierten Zellen des Viererstadiums, verläuft die Furchung und der eventuelle Schluß der Blastula ganz wie bei den $1/_2$-Larven. Die Entwicklung konnte wie vorher bis zum Pluteus verfolgt werden (vgl. Abb. 5 und 6). Versucht man sich über die Zellenzahl der Larven zu orientieren, so ergibt sich, daß der Darm der stark verkleinerten $1/_4$-Gastrula offenbar auch nur den vierten Teil der Zellen des Darmes der normalen Larve enthält.

Die $1/_8$-Blastomeren sind schon viel schwieriger zu untersuchen als diejenigen der vorhergehenden Stadien. Der Versuch wurde möglichst

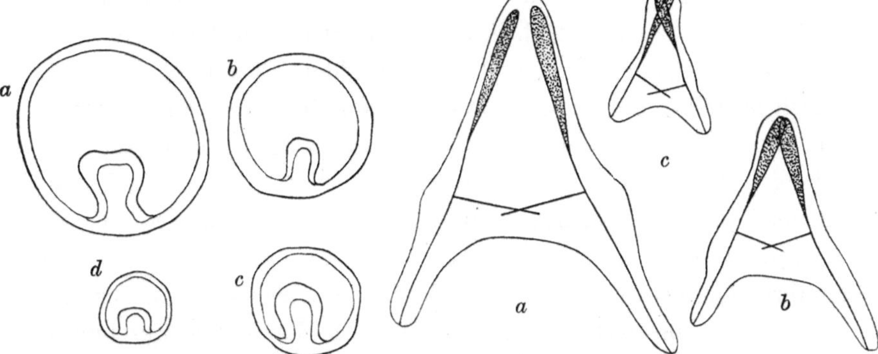

Abb. 5. Echinus. Beginnende Gastrula nach D r i e s c h. *a* Aus dem ganzen Ei, *b* aus einer $1/_2$-Blastomere, *c* aus einer $1/_4$-Blastomere, *d* aus einer $1/_8$-Blastomere. (Auf $3/_5$ der Original-Abb. verkleinert.)

Abb. 6. Echinus. Umrisse von Pluteuslarven mit eingezeichnetem Skelett. Nach D r i e s c h. *a* $1/_1$-, *b* $1/_2$-, *c* $1/_4$-Pluteus. (Auf $3/_5$ der Original-Abb. verkleinert.)

vorsichtig angeordnet: D r i e s c h ließ die Keime bis zum Beginn der Sechzehnerteilung in kalkfreiem Wasser und brachte dann die Paarlinge des animalen Poles in ein erstes, die Paarlinge des vegetativen Poles in ein zweites Gefäß. Er erhielt auf diese Weise zahlreiche Gastrulae, sowohl aus den animalen wie aus den vegetativen Achterpaaren. Hierbei ergab sich, daß die vegetativen Larven bei weitem hinfälliger sind als die animalen, aber sie gastrulieren korrekter; die animalen Larven sind gesünder, aber es gastruliert n u r e i n g e r i n g e r P r o z e n t s a t z und die Gastrulation verläuft nicht immer korrekt. Über die Gastrula hinaus entwickelten sich die Objekte in keinem Falle.

Die $1/_{16}$-Blastomeren sind unter sich der Größe nach außerordentlich verschieden, daher muß bei Beurteilung der Resultate ihr Plasmavolumen oder ihr »Keimwert« mit in Rechnung gezogen werden. Die Mikromeren repräsentieren lediglich $1/80$ des Eivolumens; werden sie isoliert, so furchen sie sich und liefern einen Zellenhaufen oder eine »Blastula«, wenn man den aus etwa zehn Zellen bestehenden Haufen so nennen will. Die Makromere repräsentiert $1/9$ des Eivolumens, verhält sich also etwa wie eine Achterzelle und entwickelt sich nach der Isolierung bis zur Gastrula. Die Mesomeren haben $1/15$ Keimwert, sind also etwa identisch mit dem 16ten Teile des Eies; nach der Isolation und Furchung erhält man die nämlichen Effekte wie bei der Isolation der animalen Achterblastomere, d. h. es gastruliert nur ein kleiner Teil der Keime und die Gastrulation verläuft nicht immer korrekt.

Auch noch $1/32$ des Eies, als Blastomere isoliert, vermag zu gastrulieren, obwohl es in der überwiegenden Mehrzahl der Fälle nur zur Entwicklung bewegungsloser Blastulae kommt. Die Keime des 64-Zellenstadiums ergeben nach völliger Auflösung lediglich Blastulae vom Keimwert $1/64$. Wenn also die Grenze der Gastrulationsfähigkeit bei dem Keimwert $1/32$ liegt, so ist dies nach Driesch zunächst darauf zurückzuführen, daß ein solches Plasmavolumen im Laufe der Furchungsperiode nur noch 16 Zellen zu liefern vermag.

Driesch teilt ferner die wichtige Tatsache mit, daß auch ein Komplex von drei Zellen des Viererstadiums einen vollständigen Organismus zu liefern vermag, ebenso wie je die beiden Zellenkränze des Achterstadiums, die sich bis zum Pluteus entwickeln können.

Ableitung einiger Grundbegriffe zur Theorie der Entwicklung. Aus den vorstehend referierten Untersuchungen geht nun in erster Linie hervor, daß Zellen oder Zellengruppen des in Furchung begriffenen Echinidenkeimes nach ihrer Isolierung sich im Prinzip immer in der Richtung auf die Totalität des Geschöpfes fortentwickeln, wobei freilich praktisch genommen der Entwicklungsprozeß bald früher, bald später zum Stillstand kommt, teils wegen der Unvollkommenheit der experimentellen Bedingungen, teils aus inneren Ursachen, z. B. wegen der Kleinheit des Plasmavolumens bei den Mikromeren. Jedenfalls stimme ich mit Driesch darin überein, daß jede Blastomere im Prinzip totipotent ist, also der Grundlage nach die Summe aller Bedingungen in sich enthält, welche notwendig sind, um das ganze Geschöpf zu reproduzieren. Diese Fähigkeit besitzen (zit. nach Driesch) die Blastomeren der Echinodermen, der Medusen, des *Amphioxus*, der Fische und der Urodelen. Gleicherweise hat Driesch mit Recht darauf aufmerksam gemacht, daß den Pflanzenzellen im allgemeinen die gleiche Fähigkeit zukommt, wie die Entstehung adventiver Sprosse aus einzelnen Zellen oder kleinsten Zellengruppen beweist. Vor langen Jahren, im Sommer 1883, kam ich als Student zum ersten Male mit diesem Gegenstande in Berührung als uns der berühmte Botaniker Ferdinand Cohn in seiner Vorlesung über allgemeine Morphologie die Bildung neuer Pflänzchen aus kleinsten Abschnitzeln der Blätter einer *Begonia* in gut gelungenen Kulturen zeigte. Diese Vorweisung machte den größten Eindruck auf mich und ist mir immer unvergessen geblieben. Seitdem sind viele Tatsachen gleicher Art von den Botanikern aufgefunden und besprochen worden; zuletzt sah ich in dem sehr warmen und feuchten Sommer des Jahres 1922 in meinem Garten zahlreiche Adventivsprosse auf den Mittelrippen der Blätter der gewöhnlichen Tomate (*Solanum Lycopersicum*) entstehen, welche es bis zur Blütenbildung brachten (Abb. 7). Diese Fähigkeit der Gewebezelle, die Totalität des Geschöpfes aus sich hervorzubringen bleibt aber bei Tieren der Regel nach latent. Sie kann aber durch den Experimentator, wie Drieschs Versuche lehren, unter Umständen realisiert werden und hängt in ihrer Wurzel zweifellos mit der überragenden Bedeutung der Fortpflanzungserscheinungen zusammen, wobei ich darauf aufmerksam mache, daß durch die Anerkennung der latenten Totipotenz aller Zellen der theoretisch konstruierte Unterschied zwischen Soma- und Geschlechtszellen aufgehoben wird.

Da die Furchungszellen ferner alle das gleiche Vermögen zur Ganzheit, die gleiche »prospektive Potenz« besitzen, so sind sie ferner unter sich verglichen unter sich »äquipotentiell«. Der Ausdruck »prospektiv« wird hierbei von Driesch aus dem Grunde gewählt, weil er Teleologe ist und an das durch die Entwicklung sich verwirklichende Ziel denkt. Im Sinne der mechanistischen Auffassungsweise würde man die Potenz der Furchungszellen ebenso gut oder besser als eine »retrospektive« bezeichnen können, weil sie auf einer gegebenen historischen

Basis beruht und eine ihr entsprechende dynamische Konstellation in sich schließt. Denn »vergangenes Werden« ist nach einer früheren Äußerung von Driesch »ein Grund für späteres Werden«.

Man übersetzt den Begriff der prospektiven Potenz im Sinne von Driesch am besten mit den Worten »mögliches Schicksal«. Dieses umschließt beim Echinidenkeime viele Einzelfälle, welche durch das

Abb. 7. Blatt der gewöhnlichen Tomate *(Solanum Lycopersicum)* mit einem großen Adventivsproß auf der Mittelrippe. In der Richtung ab *a—b* liegt die Mittelrippe des Blattes, bei *c* Blütenstand an dem Adventivsproß.

Experiment hervorgerufen werden können; dem möglichen Schicksal der Blastomeren steht ein wirkliches Schicksal gegenüber und somit gewinnt jede einzelne Zelle in actu eine bestimmte »prospektive Bedeutung« (Driesch). Dieser letztere Begriff ist nicht vollkommen klar; deswegen habe ich an seine Stelle den Begriff der Valenz gesetzt, weil jede Zelle eines sich entwickelnden Keimes in einer bestimmt gerichteten Auswirkung ihrer Fähigkeiten begriffen ist (von valeo = wirksam sein).

Da nun im wachsenden Keime die sämtlichen Zellen in harmonischer Arbeit der Verwirklichung des Ganzen zustreben, so bezeichnet Driesch den Keim als ein »harmonisch äquipotentielles System«. Der Begriff der Harmonie geht hierbei in erster Linie auf die vollendete, proportionierte, typische Gliederung des Endganzen oder der Totalität des fertigen Geschöpfes; zweitens geht er auf die Harmonie der Funktionen in der Entwicklung. Hierzu muß aber sofort hinzugefügt werden, daß bei Driesch die Ontogenese im wesentlichen nach dem Prinzip der Selbstdifferenzierung in getrennten Reihen (Ph. d. Org. S. 99f.) zum Ablauf kommt; mithin verzichtet Driesch in seiner »analytischen« Theorie der Entwicklung auf die Mitwirkung korrelativer Kräfte und es besteht somit zwischen den sich entwickelnden Teilen lediglich eine gewisse Korrespondenz getrennter Abläufe.

2. Erfahrungen an der Blastula.

Material: *Sphaerechinus granularis* und *Asterias glacialis*. Methode: Die Blastulae wurden bald nach dem Verlassen der Eihaut benutzt, vor dem Eintritt der Mesenchymbildung. Driesch schnitt mit einer feiner Schere etwa 200—250 mal in einen Tropfen Wasser hinein, welcher massenhafte Blastulae enthielt und dabei bekam er außerordentlich viele Teilstücke. Ausgewählt wurden für die Versuche nur solche Abschnitte, welche höchstens die Hälfte einer Blastula darstellten, und diese wurden in besonderen Kulturen gezüchtet. Resultat: Aus fast allen entstanden ganz kleine Gastrulae oder fortgeschrittene Larvenformen. Später hat Driesch angegeben, daß, wenn eine Blastula von *Echinus*, die etwa 1000 Zellen enthält, in der Richtungsachse des Körpers durchschnitten wird, unter günstigen Umständen aus beiden Teilstücken je ein vollständig ausgebildeter Organismus (Pluteus) entstehen kann.

Folgerungen: Driesch hat in diesen Versuchen mit größeren Epithelabschnitten experimentiert, welche der Blastula entnommen wurden, und erhielt in den positiven Fällen immer die Larve als Endprodukt. Zieht man in Rechnung, daß der Pluteus ein wohl gegliedertes Geschöpf ist, bei welchem vor allen Dingen das Ektoderm längs der Arme eine Wimperschnur in komplizierter Anordnung zeigt, so geht daraus hervor, daß auch die Keimhaut der Blastula ein harmonisch äquipotentielles

System im Sinne Drieschs ist. Denn der Experimentator, indem er in beliebiger Richtung durch die Blastula hindurchschneidet, erhält immer wieder ein anderes Teilstück der Keimhaut oder eine neue Kombination von Epithelzellen; er ist somit in der Lage, in beliebig vielen Versuchen die ins Spiel kommenden Zellenkomplexe immer wieder aufs neue miteinander zu vertauschen, ohne daß das Resultat der Entwicklung leidet. Somit haben die sämtlichen Zellen der Blastula die gleiche prospektive Potenz und wir haben tatsächlich in der Keimhaut ein harmonisch äquipotentielles System.

Eine einzelne Zelle der Blastula kann allerdings nicht mehr isoliert gezüchtet werden, würde auch bei der Geringfügigkeit ihres Plasmavolumens trotz etwa vorhandener Totipotenz die Totalität des Geschöpfes nicht mehr zur Entwicklung bringen können, wohl aber wird dies von in sich zusammenhängenden Epithelfetzen geleistet, in ähnlicher Weise wie auch zusammenhängende Komplexe von Furchungszellen zu frei schwimmenden Larven sich entwickeln.

3. Erfahrungen an der Gastrula.

Wenn man die Gastrula von *Echinus* oder *Asterias* in der Richtung der Achse oder senkrecht zu ihr zerschneidet, so erhält man aus den Teilstücken vollständige Larven. Zerschneidet man eine ausgebildete Larve von *Sphärechinus* im Äquator, so daß jede Hälfte das halbe Ektoderm und den halben Urdarm enthält, so schließen sich zunächst beide Teile und die Kugelform stellt sich wieder her; ferner gliedert sich der Darm der beiden Teilprodukte in richtiger Proportionalität in Vorderdarm, Mitteldarm und Enddarm. Das eine Teilstück, welches die Mesenchymelemente enthält, liefert einen verkleinerten Pluteus, während das andere, das animale Stück, wegen des Mangels der nämlichen Elemente und damit der Skelettanlage die Entwicklung nicht über das Stadium mit dreifach geteiltem Darme hinausbringt. Und ferner: wenn man bei dem Keim von *Echinus* in dem Augenblicke, wo die Gastrulation noch nicht stattgefunden hat, die künftige Darmanlage am vegetativen Pole aber bereits markiert ist, die obere Hälfte der Larve von der unteren durch einen äquatorialen Schnitt trennt, so erhält man eine vollständige Larve nur von dem Teil mit der Darmanlage, während der andere Abschnitt lediglich die ektodermalen Organe hervorbringt. Schließlich: Schneidet man aus dem Ektoderm einer Gastrula vom Seestern irgendeinen beliebigen Teil in beliebiger Richtung heraus, so entsteht ein Geschöpf ohne Darm bestehend aus einem typischen Larvenektoderm mit ebenso typischer Wimperschnur.

Unmittelbare Folgerungen: Das Larvenektoderm und das Larvenentoderm sind je für sich äquipotentielle Systeme, denn es können beliebige Abschnitte des Ektoderms oder Entoderms immer alles leisten, was diese beiden Keimblätter in ihrem Bereiche überhaupt aus sich hervorgehen lassen können. Dagegen sind ihre prospektiven Potenzen nunmehr aktuell beschränkt, denn das Ektoderm vermag nicht mehr entodermale Organe zu bilden ebensowenig wie das Entoderm ektodermale. Der Ausdruck »Beschränkung der Potenz« bezieht sich auf das mögliche Schicksal, also trotz etwa fortbestehender immanenter Totipotenz, welche hypothetischer Natur ist und aus spekulativen Gründen angenommen wird (vgl. Abschnitt L), aber experimentell nicht mehr zum Vorschein gebracht werden kann. Ist die besprochene Beschränkung der Potenz eingetreten, so sind die beiden »Elementarorgane« Ektoderm und Entoderm prospektiv ungleich. Theoretisch spielt der Begriff der Beschränkung des möglichen Schicksals bei Driesch eine erhebliche Rolle, weil die prospektive Potenz im Laufe der Entwicklung mit fortschreitender Gliederung des Körpers fort und fort reduziert wird (vgl. Ph. d. Org. S. 200).

Die Frage der Beschränkung der Potenzen hängt mit dem Problem der »Determinierung« und »Fixierung« des Schicksals der Teile des Keimes zusammen. Was damit gemeint ist, kann man im Sinne Drieschs etwa, wie folgt, klar machen. Wir wissen durch Boveris schöne Untersuchung ganz genau, daß im normalen Falle die animalen vier Achterzellen das Ektoderm, die vegetativen vier Zellen das Entoderm und das Mesenchym liefern. Sie sind also für diese Leistung »determiniert«. Aber die betreffenden Zellen können auch anders, denn, wenn man experimentell die beiden Zellenkränze trennt, so liefern beide die vollständige Larve mit Ektoderm und Entoderm. Ganz anders aber verhält sich die Sache in einem späteren Stadium; wenn man bei Larven von *Echinus*, *Sphärechinus* und *Asterias* unmittelbar vor der Darmbildung den animalen Pol abtrennt, so ist dann dieser obere Teil nicht mehr befähigt, die am vegetativen Pol entstehenden Organe (Mesenchym und Darm) zum zweiten Male zu bilden, während der untere Abschnitt die vollständige Larve ergibt. Der obere Teil schließt zwar die Wunde, reguliert seine Form, produziert aber nur die ektodermalen Organe, diese freilich in typischer Form. Auf dem Stadium, von welchem der Versuch ausging, ist also das Schicksal des Larvenektoderms in bestimmtem Umfange »fixiert«; das mögliche Schicksal ist somit gegen das vorhergegangene Stadium wesentlich eingeschränkt.

c) Übersicht über die »analytische« Theorie der Entwicklung von Driesch und Einleitung in die synthetische Theorie des tierischen Körpers.

Drieschs Theorie der Entwicklung ist in ihrer Begründung schwierig und, selbst wenn man die leitenden Gedanken ohne weiteres hinnimmt, im einzelnen widerspruchsvoll. Es kann hier selbstverständlich nur eine summarische Darstellung seiner Lehre gegeben werden; aber auch dies ist nicht möglich, ohne dem Leser einige Gesichtspunkte der Beurteilung von vornherein mit an die Hand zu geben.

Driesch huldigte in seiner Frühzeit, wie wir alle, als Naturforscher der mechanistischen Auffassungsweise; er war, um in seiner Sprache zu reden, »statischer Teleologe«, d. h. er nahm im wachsenden Keime eine gewisse Konstellation der Struktur und der dynamischen Bedingungen an, welche sich in der Entwicklung auswirkt bis zur Vollendung des Geschöpfes. Von dieser Naturauffassung hat sich der Autor im Jahre 1899 in seiner Arbeit »Die Lokalisation der morphogenetischen Vorgänge« definitiv getrennt. Die sachliche Basis bildet auf der einen Seite die Entdeckung, daß die frühen Stadien der Entwicklung, vor allem der in Furchung begriffene Keim und die Blastula, aus einer Summe gleichartiger, äquipotentieller Zellen bestehen; auf der anderen Seite wird die Theorie beherrscht durch den Ausblick auf das Ende des Werdens, auf die Totalität des vollendeten Geschöpfes mit seiner bestimmten Ausprägung der Formen und mit seinen zahllosen harmonisch ineinander gefügten Gliederungen. So entsteht nun die Frage: wie kann aus einer

Summe von Zellen, deren entwicklungsgeschichtliches Vermögen im Prinzip das gleiche ist, die Totalität eines vollendeten Körpers von höchstem Mannigfaltigkeitsgrade hervorgehen? Hier leitet nun der Aspekt des Endes die Theorie, und der Autor setzt als ordnungschaffende, gestaltende Macht einen vitalistischen Faktor, eine causa finalis, seine »Entelechie« ein. Der naturwissenschaftliche Begriff der Korrelationen in der Entwicklung, welcher für sich genommen mehr als ein Problem, ein Programm der exakten Forschung sein sollte, wird beiseite gedrängt, und der vitalistische Faktor übernimmt die Leitung des Werdens. Ich spreche hier nicht von der Berechtigung des Vitalismus überhaupt. Man kann Mechanist und Vitalist zugleich sein (Helmut Pleßner). Ich spreche vor allen Dingen davon, daß die Einführung eines vitalistischen Geschehens in den Naturprozeß den weiteren Fortgang der Forschung beeinträchtigt.

Unserem Autor ist der synthetische Charakter des Entwicklungsprozesses entgangen. Anfänge einer synthetischen Betrachtung finden sich in seiner mechanistischen Frühperiode in der Polaritätshypothese des wachsenden Keimes, welche sich als eine Art Rudiment in die Ph. d. Org. hineingerettet hat; hier aber wird die Tragweite der Hypothese eingeschränkt und im weiteren Verlaufe des Werkes wenig Gebrauch von ihr gemacht. Ferner glaube ich einen methodologischen Grundfehler in der Behandlung des Stoffes bei Driesch aufgefunden zu haben. Dieser liegt in einer Überschätzung der analytischen Methode, welche ihn zur Verkennung der synthetischen Prozesse im Entwicklungsgeschehen geführt hat. Eine »analytische« Theorie der Entwicklung (Driesch) ist unmöglich; es kann nur eine synthetische Theorie der Entwicklung geben (M. Heidenhain). Ich kann dies durch einen Vergleich klarlegen, wie folgt. Wenn wir einen komplizierten Farbkörper analytisch in C, O, H, N zerlegt haben, wäre es ganz verfehlt, wenn wir die Methode mit dem Sachverhalte verwechselten und die Eigenschaften des Farbkörpers als Eigenschaften des C, des O, des H und des N hinstellen würden. Denn die vier genannten Elementarstoffe verbinden sich durch Synthese zu einem Körper mit neuen Eigenschaften, und letztere gehören dem Moleküle, also dem Systeme zu. Wenn man mithin die Theorie des tierischen Körpers betreiben will, welche sich einerseits auf den Prozeß der Entwicklung, andererseits auf die Organisation des fertigen Körpers bezieht, so muß allerdings die Analyse als Methode geübt werden; man darf aber die Eigenschaften des Systems nicht auf die durch den Abbau desselben erhaltenen Elementarteile oder auf das Ausgangsmaterial übertragen. In dieser Weise aber ist Driesch vorgegangen; denn er löst die Totalität des Keimes in eine Summe gleichwertiger Zellen auf und läßt diese sich ohne Synthese in getrennten Reihen entwickeln, so daß bei dem theoretischen Abmangel eigentlich so zu nennender Korrelationen ein vitalistisches Agens, welches die spätere Ordnung der Dinge bereits in sich begreift, als treibendes und richtunggebendes Moment in das Ausgangsmaterial hineinverlegt werden muß. Es hilft daher nicht viel, wenn Driesch die corpusculären Theorien der Vererbung (Weismann-Roux) ablehnt und sich auf die Seite der Epigenetiker stellt; denn sein vitalistischer Faktor, die Entelechie, enthält nach meiner Auffassung bereits in sich das Endganze ähnlich wie das Idioplasma Weismanns.

Wir gelangen nunmehr folgerichtig zu einer allgemeinen Einleitung in die von mir begründete synthetische Theorie des tierischen Körpers und seiner Entwicklung. Die Entstehung meiner Grundansicht über die Natur der lebenden Geschöpfe als Formerscheinung stammt aus dem Winter 1887/88, als ich auf dem Institut von Ponfick in Breslau praktisch arbeitete und zum ersten Male massenhafte Geschwülste unter das Mikroskop bekam. Die Tatsache, daß die Entwicklung in der Geschwulstbildung von neuem einsetzt und eine abnorme Richtung nimmt, hat einen unauslöschlichen Eindruck auf mich gemacht, und aus der Anschauung der Dinge entnahm ich die Überzeugung, daß die Geschwulstbildung dem Wesen nach eine »Revolution«, eine Durchbrechung der morphologischen und physiologischen Verfassung des tierischen Körpers bedeutet, wobei der Begriff der »Verfassung« im eigentlichsten Sinne des Wortes genommen werden muß, nämlich als eine »konstitutionelle Gesetzgebung« im Gebiete der Formenwelt; mit anderen Worten, ich sah ein, daß die normal-anatomischen und normal-physiologischen Grundlagen der Geschwulsttheorie überhaupt noch nicht bekannt geworden waren. Diese aus der Anschauung der Dinge ergriffene allgemeine Vorstellung verdichtete sich bei mir in den nächsten Jahren zu der Kosmos-Idee, zu der Idee einer Totalität oder Wesenheit des lebenden Körpers als Formerscheinung, begriffen als ein Universum, in welchem die Zellen während der Entwicklung durch besondere Kräfte ihre Richtung empfangen und auch im fertigen Zustande des Körpers in ihrem bestimmten Verbande erhalten werden. Dies Problem war einer praktischen Bearbeitung fähig. Denn es mußte sich im Prinzipe an jedem beliebigen Teile des lebendigen Kosmos, z. B. bei einem Epithel, zeigen lassen, daß der Körper zu keiner Zeit ein Aggregat, eine Summe von Zellen ist, sondern daß letztere zu Organisationen, zu Systemen oberer Ordnung mit bestimmter morphologischer und physiologischer Verfassung zusammentreten. Ich hielt ferner damals dafür, daß die Lösung dieses Problems abhängig sei von der Auffindung einer bestimmten Richtungsorganisation innerhalb der Zelle, welche ausdrückbar sein sollte durch eine bestimmte Orientierungslinie oder Zellenachse, damit nämlich die Lage der Zellen innerhalb jenes lebenden Kosmos an der Hand der Stellung ihrer Achsen beurteilt werden könnte. Diese Gedankengänge waren der Urgrund meiner sämtlichen Arbeiten über die Zelle, und es dürfte vielleicht erinnerlich sein, daß ich die polare Organisation des Leukocyten (1894), ferner die polar-bilaterale Organisation der Darmepithelzelle und ebenso der Flimmerzelle (beides 1899) eingehend beschrieben habe. Wegen der sich ergebenden praktischen Schwierigkeiten kam es aber nicht zu der Bestimmung der spezifischen Orientierung der Zellen innerhalb der Gewebe; es wurden vielmehr lediglich Teilerfolge an den Epithelien erzielt (Darmepithel, Flimmerepithel und Descemetsches Epithel, nicht veröffentlicht).

Auf jeden Fall ergab sich aus meiner Gesamtauffassung ein Gegensatz zu der Theorie Schwanns, und die Überwindung dieser Lehre durch eine »synthetische Theorie der Gewebe« erschien mir als die Hauptsache. In dem nämlichen Jahre 1899, in welchem Driesch von der statischen zur dynamischen Teleologie, von der mechanistischen zur vitalistischen Naturauffassung überging, habe ich mich darüber ganz klar ausgesprochen. Damals machte ich zum ersten Male darauf aufmerksam, daß die Schwannsche Lehre einen »rein analytischen Charakter« an sich trägt und daß sie »zersetzend« wirkt; sie enthält »nicht in sich den

Keim zu einer synthetischen Wissenschaft, die zur Erkenntnis wirk-
licher Naturgesetze führen könnte«. »Sie führt in Wahrheit überhaupt nicht immer wieder und wieder zu neuen Erkenntnissen, sondern
sie lehrt an tausend verschiedenen Objekten tausendmal dasselbe.
Sie löst den Körper in eine Summe selbständiger Einzelindividuen auf,
aber sie fügt sie nicht wieder zu Einheiten einer höheren Ordnung zusammen. Die Gewebe bleiben Kolonien gleichwertiger Individuen.«
»Sie bedarf einer Ergänzung durch eine synthetische Theorie der Gewebe, welche so beschaffen ist, daß sie diese von dem Range eines
Zellenaggregates erhebt zu dem Range cellulärer Systeme, die in sich
nach bestimmten, durch die Genese bedingten, formulierbaren Gesetzen
gebildet sind« (vgl. 1899,.S. 13).

Darauf wandte ich mich (von 1898 an) der Untersuchung des Muskels
zu, und zwar aus dem Grunde, weil die Strukturuntersuchungen an den
Zellen wegen ihres komplexen, anscheinend oft einer bestimmten Ordnung entbehrenden Aufbaues ungemein schwierig sind und bei vielen
Objekten die Vermutung nahe liegt, der wesentliche Teil ihrer Organisation könne jenseits der mikroskopischen Erfahrung liegen. Beim
Muskel hingegen weiß man von vornherein genau, daß sein Bau streng
nach den drei Dimensionen des Raumes orientiert ist. Hier liegen alle
wesentlichen Strukturteile, die Richtung der wirksamen Kraft und die
Arbeitsleistung parallel einer geraden Linie oder Hauptachse, andere
Strukturteile von geringerer Wertigkeit senkrecht zu ihr geordnet.
Es mußte also gelingen, in der Längs- und Queransicht des Objektes
den Effekt, welchen die in der Entwicklung wirksamen Gesetze auf den
Bau des Organs haben, direkt zu kontrollieren, wobei von vornherein
feststand, daß das molekulare oder metamikroskopische Gefüge der
sichtbaren Struktur entsprechend sein müsse. Diese Untersuchungen
führten zur Entdeckung des Stufenbaues des Organismus auf der
Basis der Fortpflanzungserscheinungen. Hier im Muskel sind mehrfach
Histosysteme verschiedener Größenordnung übereinandergelagert oder,
wie man auch sagen kann: ineinander geschachtelt (»Enkapsis«): die
Fibrillen, die Säulchen, die Muskelfasern, die Fleischfasern und schließlich der makroskopische Muskel. Im Zusammenhange mit der gewal-
tigen Massenzunahme während der Entwicklung differenzieren sich alle

diese Objekte im Längssinne des Organes durch Spaltung oder Fortpflanzung durch Teilung, und diese in sich verbundene Reihe der Tatsachen entspricht dem obersten Grundsatze aller Biologie, daß alles Lebendige vom Lebendigen abstammen muß (vgl. z. B. die Arbeit über das Herz, 1901, S. 61 ff.).

Diese neuen Erfahrungen habe ich im 1. Bande von »Plasma und Zelle« (1907) unter dem Titel einer Theorie der Histosysteme oder Teilkörpertheorie verallgemeinert. Man findet dort (S. 1—105) negativ eine vollständige Ablehnung der Vorstellung, daß der lebende Körper ein Aggregat oder eine Summe von Zellen sei, und ebenso eine vollständige Ablehnung der Zellenstaatstheorie. Positiv enthält meine Darstellung an mehreren Stellen die Hervorhebung der Einheit der Leistung trotz vielzelliger Zusammensetzung bei Betriebs- und entwicklungsphysiologischen Funktionen, wofür auch das Gehirn als Beispiel angeführt wird (S. 77 f.), und schließlich eine umfängliche Darstellung der Theorie des tierischen Körpers, beruhend auf der Grundlage der Fortpflanzung aller lebendigen Systeme im Entwicklungsgeschehen. Ich gebe zu, daß meine diesbezüglichen Ausführungen auf S. 82 ff. die Sache noch schärfer hätten zum Vortrag bringen können, aber im ganzen betrachtet entspricht das Gesagte noch immer meinen heutigen Grundanschauungen. Bei der Lektüre wolle man beachten, daß S. 82 in der Überschrift von einer Strukturtheorie der »lebendigen Masse« geredet wird, welche nach dem Sinne der Auseinandersetzung für identisch genommen wird mit der Totalität unseres Körpers. Er gliedert sich in die aufsteigenden Ordnungen der Histosysteme, welche sämtlich charakterisiert sind durch ihr Vermögen, sich auf irgendeine Weise durch Teilung fortzupflanzen. Diese Vorgänge der Teilung sind aber den bekannten Fortpflanzungsformen frei lebender Personen entwicklungsphysiologisch analog (S. 86 u. S. 100). Es handelt sich also nicht nur um eine Theorie der morphologischen Verfassung unseres Körpers, sondern ebenso auch um eine entwicklungsphysiologische Theorie, bei welcher die Zellen als Bestandteile übergeordneter Systeme erscheinen, denn die zum Vergleich herangezogenen Akte der ungeschlechtlichen Vermehrung bei Wirbellosen sind personale Funktionen, Einheitsleistungen der Totalität des Geschöpfes. Gedacht wurde dabei in erster Linie an die Formen der Teilung bei Cölenteraten und Würmern. So wurden also in meiner Theorie alle Teilungserscheinungen als Funktionen der Systeme betrachtet, in welchen die Zelle eine untergeordnete Rolle spielt. Es erübrigt sich, auf weitere Einzelheiten meiner damaligen Darstellung näher einzugehen.

d) Theorie der Entwicklung der äquipotentiellen Systeme nach Driesch. Das Lokalisationsproblem. Ableitung einer causa finalis oder der Entelechie.

Wie schon weiter oben erwähnt wurde, hat Driesch in früherer Zeit auf seine Hypothese einer polar-bilateral-symmetrischen Organisation des Eies und des wachsenden Keimes einen erheblichen Wert gelegt; er nahm an, daß die Bestimmung des Ortes der ersten auftretenden Differenzierungen von jener Richtungsorganisation in gewisser Weise abhängig sei (1899, S. 43). Da nach seinen Ausführungen die Teile in die Organisation des Ganzen eingeschlossen sind, konnte es so scheinen, als ob Driesch den wachsenden Keim als ein lebendiges System, als eine Totalität ansieht. Dies ist jedoch nicht der Fall. Tatsächlich legt Driesch im Sinne seiner Entwicklungstheorie wenig Wert auf diese Art der Organisation des Ganzen; sie ist nur ein »maschinelles Datum« (1899, S. 101), lediglich eine notwendige Voraussetzung für die Entwicklung, wie es viele solche Voraussetzungen gibt, z. B. die angeblich kolloidale Natur des Protoplasmas. Der Leser könnte vielleicht meinen, daß diese Intimstruktur des Keimes, welche in Frage steht, als ein Ausdruck der korrelativ wirkenden Kräfte angenommen werden könnte, welche andererseits das spezifische örtliche Entwicklungsgeschehen bedingen. Aber von dieser Vorstellung ist der Autor in seiner Gesamtauffassung weit entfernt; denn in seiner Ph. d. Org. spielt der genannte intime Eibau eine recht geringe Rolle. Er ist nur verantwortlich zu machen für gewisse allgemeine Symmetrieverhältnisse des Keimes und seiner Teile nach deren experimenteller Isolierung. Tatsächlich bezeichnet Driesch die äquipotentiellen Systeme des sich furchenden Keimes und später der Keimblätter als Summen, also Aggregate gleichvermögender Elemente und legt großen Wert darauf festzustellen (Ph. d. Org. S. 99f.), daß es ein sehr wichtiger und fundamentaler

Charakterzug der Formbildung ist, daß sie in getrennten Reihen verläuft, d. h. in Linien von Vorgängen, welche zwar von einer gemeinsamen Wurzel ausgehen, aber durchaus unabhängig sind in der Art und Weise ihrer weiteren Differenzierung (Selbstdifferenzierung nach Roux). Direkte korrelative Wechselwirkungen aller Teile des Keimes als Prinzip einer Theorie der Entwicklung werden nicht anerkannt. Trotzdessen besteht eine Harmonie der Konstellation zwischen den in fortschreitender Entwicklung begriffenen Teilen. Diese zeigt sich darin, »daß ein ganzer Organismus den Abschluß der Entwicklung bildet, trotz der relativen Unabhängigkeit der zu ihm führenden Prozesse. Ein Urganzes muß vorhanden gewesen sein, wo durch den Abschluß getrennter Abläufe ein Endganzes herauskommt.«

Drieschs Theorie der Entwicklung geht also von einer »Summe« äquipotentieller Zellen aus, welche in ihrem Entwicklungsbestreben wesentlich unabhängig voneinander sind. Unter diesen Umständen muß es als ein Wunder erscheinen, daß innerhalb einer solchen Summe an bestimmten Orten Entwicklungsverläufe spezifischer Art auftreten. Wenn wir z. B. entsprechend dem Experimente von Driesch die Blastula des Seeigels annähernd in der Richtung der Hauptachse durchschneiden, so erhalten wir immer wieder aus den Teilstücken die Gastrula, und die äquipotentiellen Zellen der Keimhaut liefern je nach der zufälligen Lage des trennenden Schnittes wechselweise einfache Hautzellen, Wimperschnurzellen, Mesenchymzellen, Darmepithelzellen usf. Kurz: jede Zelle kann alles, was überhaupt im Bereiche der Anlage liegt; aber in jedem einzelnen Experimentalfalle lokalisiert sich ein bestimmtes Entwicklungsgeschehen an einem bestimmten Orte, entsprechend den Lagebeziehungen der Teile zum entwickelten Geschöpfe. So entsteht das ganz besondere Lokalisationsproblem: Wenn wir eine Summe gleichvermöglicher Zellen haben, wie ist es erklärbar, daß trotz der zufälligen Schnittrichtung bei der experimentellen Zerlegung des Geschöpfes sich doch immer wieder bestimmte Entwicklungsprozesse an ganz bestimmten Orten lokalisieren, so daß im Endverlaufe die Totalität eines proportionierten Wesens entsteht? Dies ist nach Driesch auf Grund der mechanistischen Naturansicht überhaupt nicht erklärbar, denn eine bestimmte Zelle wird in den verschiedenen Experimental-

fällen je nach der Größe und der Lage des aus der Blastula heraus-
geschnittenen Stückes immer wieder eine andere prospektive Bedeutung
erlangen, es wird ihr jedesmal ein anderes wirkliches Schicksal auferlegt
werden. Also ist die Frage, wodurch sich die prospektive Bedeutung
der Zelle im einzelnen Falle bestimmt. Driesch führt nun des näheren
aus, daß in Betracht kommen 1. die absolute Größe des (dem äquipotentiellen System) entnommenen Teilstückes (S); 2. die Lage des Elementes
in diesem Stücke (l); 3. die prospektive Potenz des Elementes (E).

Die Größen S und l sind variabel je nach dem vorliegenden Experimentalfalle; die prospektive Potenz ist dagegen invariabel und dem
Wesen nach identisch mit dem vitalistischen Faktor, welchen Driesch
unter Anlehnung an eine aristotelische Namengebung als Entelechie (E)
in sein System einführt. Die Ableitung des Faktors E auf S. 116 der
Ph. d. Org. ist jedoch, für mich wenigstens, fast ganz unverständlich.
Driesch sagt etwa: Die prospektive Potenz »ist« die Summe dessen,
was von jedem einzelnen Elemente geleistet werden kann; diese Summe
sei aber nicht bloß eine Summe, sondern sie stelle eine gewisse Ordnung
dar, nämlich eine solche Ordnung, welche die Harmonie der Entwicklungsprozesse ebensowohl wie die harmonische Totalität des fertigen
Geschöpfes in sich begreife (S. 112 im Vergleich zu S. 116). Eben deswegen könne man diese Ordnung einschließende Potenz mit dem vitalistischen Faktor E identifizieren.

Ich kann nicht umhin, der späteren Darstellung vorzugreifen und
schon an dieser Stelle eine Kritik der vorstehenden Ableitung hinzuzufügen, solange der Leser noch im Bilde ist. Ich halte dafür, daß die von
dem Autor vorgelegte Schlußfolge nicht zureichend ist. Die »prospektive
Potenz« umfaßt für den aufmerksamen Leser Drieschs zunächst lediglich das »mögliche Schicksal« des Elementes im äquipotentiellen Systeme;
mithin würde ich für korrekt halten zu sagen, daß die Potenz der Summe
dessen »entspricht«, was von jedem einzelnen Elemente geleistet werden
kann, nicht aber, daß sie diese Summe »ist« oder in sich einschließt,
denn die Natur der prospektiven Potenz, als mögliches Schicksal gedacht, ist uns zunächst völlig unbekannt, da sie nach Driesch der historischen Reaktionsbasis entbehrt (S. 401). Wird dieser Punkt jedoch zugegeben, so könnte man doch nicht sagen, daß die in dem Elemente des

äquipotentiellen Systems enthaltene Summe darum eine gewisse Ordnung in sich einschließt, weil die Totalität des fertigen Geschöpfes eine bestimmte Ordnung aller Teile enthält. Driesch ist ja im Prinzipe Epigenetiker. Also muß man dabei bleiben, daß diese Ordnung der Dinge im Laufe der Entwicklung erst von neuem entsteht. Was ihr anfänglich in der Potenz entspricht, wissen wir in keiner Weise zu beurteilen, besonders auch aus dem Grunde, weil sie ja der historischen Reaktionsbasis entbehren soll. Ich glaube, es wäre an Stelle des Versuches einer Ableitung der Entelechie besser gewesen zu sagen: weil eine mechanistische Auflösung des Lokalisationsproblems nach meiner Ansicht und nach den von mir angenommenen Voraussetzungen unmöglich ist, müssen wir nunmehr per exclusionem an Stelle der prospektiven Potenz einen vitalistischen Faktor einsetzen, welcher die spätere Ordnung der Dinge in sich einschließt und den Namen der Entelechie erhalten soll.

Noch möchte ich darauf aufmerksam machen, daß in der Theorie der äquipotentiellen Systeme das wirkliche Schicksal der einzelnen Zelle eventuell als eine Funktion der Lage im Ganzen gedacht werden kann (Driesch: 1899, S. 67ff.; Ph. d. Org. S. 69). In der früheren mechanistischen Auffassung des Autors konnte dieser Ausdruck »Funktion der Lage im Ganzen« eine einschneidende Bedeutung haben, wenn nämlich die Möglichkeit bestand, das Ganze als ein lebendiges System aufzufassen, in welchem die Teile von dem Ganzen abhängig sind. Nunmehr ist aber ein lebendiges System, ein Ganzes, anfänglich überhaupt nicht vorhanden, denn die Grundanschauung Drieschs ist in dem Satze enthalten: »eine Summe geht über in ein Ganzes ohne Präformation des Ganzen im Raume« (Ph. d. Org. S. 547). Wenn wir also in dem sich furchenden Keime, in der Blastula und in den Keimblättern lediglich Summen gleichvermöglicher Zellen haben, so hat die Lage des einzelnen Elementes in einem solchen Pseudosysteme keine Bedeutung mehr, und der Ausdruck »Funktion der Lage im Ganzen« ist ein Widerspruch in sich selbst, weil eine lebendige Totalität nach Drieschs Anschauung nicht vorhanden ist.

Wir kommen nun zu einer summarischen Darstellung des Wirkens der Entelechie in der Formbildung. Wie wir gehört haben, ist nach Driesch eine rein mechanische Erklärung der Entwicklungsprozesse prinzipiell ausgeschlossen, denn die Entwicklung geht von einer Summe äquipotentieller Zellen aus, verläuft in getrennten Reihen und führt dennoch zu der harmonischen Totalität des fertigen Körpers. Da eine materielle und dynamische Prädisposition spezifischer Art ausgeschlossen ist, so bleibt die Lokalisation morphogenetischer Prozesse in der Summe gleichartiger Zellen unverständlich, wenn nicht ein Agens in der Natur vorhanden ist, welches die Entwicklung zweckmäßig in der Art leitet, daß ein Ganzes, die harmonische Totalität des fertigen Körpers, den Abschluß bildet. Dieses Agens ist die Entelechie. Sie schließt gewissermaßen die normalen Proportionen der künftigen Form in sich ein (S. 119); sie bedeutet das »Autonome und Irreduzible, was es in der Formbildung an Ordnung gibt« (S. 222). Sie besitzt primäres Wissen und Wollen (S. 493), läßt die mechanische Kausalität unberührt, greift aber ordnend in die Entwicklungsprozesse ein, ja sie »erschöpft sich in Ordnungsleistung« und führt den harmonischen Endzustand herbei. Dies haben wir offenbar alles richtig verstanden; es ist etwa so, wie wenn Rafael die Madonna malt: er besitzt primäres Wissen und Wollen, er schaut das Ende, malt und erreicht das Ziel; die Regeln der mechanischen Kausalität in der Natur und die Verwandlung ihrer Energien bleiben dabei unberührt.

Vererbung beruht darauf, daß Entelechie in den Geschlechtsdrüsen äquipotentielle Systeme hervorbringt; dies ist selbstverständlich, denn die männlichen und weiblichen Geschlechtszellen sind ja nicht nur äquipotentiell, sondern sogar totipotent. Sie besitzen Speziespotenzen, was wiederum selbstverständlich ist, da Entelechie dem Begriffe nach die normalen Proportionen der künftigen Form in sich einschließt. Aber Protoplasma und Kern ist doch nur eine Art unerläßliches Mittel oder eine Vorbedingung der Entwicklung; materielle Präformation ist nicht vorhanden. Denn »Formbildung ist Epigenesis nicht nur im beschreibenden, sondern auch im theoretischen Sinne«. »Räumliche Mannigfaltigkeit entsteht, wo solche Mannigfaltigkeit nicht vorhanden war« (S. 140). »Durch die Furchung werden neue äquipotentielle Systeme erzeugt und in diesen die Lokalisation der spezifischen Prozesse der Formbildung durch Entelechie bestimmt. Der wirkliche Organismus, wie er sich der Beobachtung darbietet, ist sicherlich eine Kombination von Einzelheiten, deren jede wie bei einer Maschine in physikalischen und chemischen Ausdrücken beschrieben werden kann, und auch alle Veränderungen dieser Einzelheiten führen zu Resultaten, welche in solcher Weise beschreibbar sind; aber der letzte Grund des Ursprunges der Kombination und aller ihrer Veränderungen ist nicht wieder selbst ein Agens oder eine Kombination von Agentien, wie Physik und Chemie sie kennen lehren, sondern ruht auf Entelechie, und ebenso ist der letzte Grund des Ursprunges irgendeiner Art von Maschine, welche ja das Ergebnis von Handlungen [der Menschen] ist, nicht wiederum eine Maschine selbst« (S. 400). »Entelechie wird von räumlicher Kausalität affiziert und wirkt auf räumliche Kausalität, als wenn sie von jenseits des Raumes herkäme: sie wirkt nicht im Raume, sie wirkt in den Raum hinein. Denn sie ist nicht im Raume, im Raume hat sie nur ihre Manifestationsorte« (S. 492). Entelechie ist keine Kraft; sie wird nur begriffen, wie Kräfte und Energien begriffen werden (S. 512).

Alle spezifischen Vorgänge der Formbildung sind zweckmäßig, denn sie verfolgen den Endzweck der Vollendung des fertigen Geschöpfes als einer »Ganzheit«. Die Vorgänge der Entwicklung sind somit »ganzheitsbezogen«, und dieses Wort kann an Stelle der Worte zweckmäßig, zielstrebig, teleologisch, final treten (S. 540). Der Begriff der Teleologie (Ganzheitsbezogenheit) ist von gleichem Range für das Wesen der Erfahrung wie die Kategorien selbst (S. 541). Es ist nicht gesagt, daß jede Art von Kausalität immer mechanische Kausalität sein müsse (S. 543). Wenn aus einer bloß raumhaften Verteilung der Elemente im Anfangszustande, aus einer Summe äquipotentieller Zellen, eine ganzheitliche harmonische Verteilung im Endzustande hervorgeht, so haben wir eine andere Form der Kausalität, welche durch die Entelechie geleistet wird (S. 546). Diese kann man wohl als eine causa finalis bezeichnen, weil sie wirkt, als ob sie die Vorstellung des zu erreichenden Endes, welches ihr Ziel ist, in sich trüge (S. 493).

e) Kritik der analytischen Theorie der Entwicklung.

Wir können keine ausführliche Kritik der Lehre Drieschs geben, schon aus dem Grunde nicht, weil wir sie nur in einigen Grundzügen vorgetragen haben. Beispielsweise haben wir aus didaktischen Gründen die Theorie der äquipotentiellen Systeme nur auf die Zellen als Elemente bezogen, während bei unserem Autor der Begriff des Elementes ganz allgemein und ganz weit gefaßt wird. Elemente können unter Umständen auch Teile von Zellen (z. B. bei den Protozoen, S. 121) oder gewebliche Kombinationen sein (z. B. im Falle der Hydroidpolypen, S. 130). Wir wollen hier nur einige grundsätzliche Fragen besprechen, in welchen meine Anschauungen nicht mit denen unseres Autors übereinstimmen.

Nach meinem Eindruck stützt sich Drieschs System auf die Lücken unserer Kenntnis. Er setzt einen bestimmten metaphysischen Faktor, die Entelechie, als Erklärungsgrund für die gegenwärtige Unbegreiflichkeit tierischer Formbildung ein und hebt damit, wenn wir die Sache recht betrachten, die Möglichkeit weiterer Forschung auf (Entelechie ist nicht im Raume usw.). Dies nützt uns aber nichts: denn die Lücke bleibt bestehen ebenso wie bei mechanistischer Naturauffassung. Hier wiederhole ich: Wir können Mechanisten und Vitalisten zugleich sein. Das Vitalismusproblem bleibt bestehen und kann vielleicht in überzeugenderer Weise dargestellt werden, als dies bei Driesch der Fall war. Für uns kann es sich praktisch genommen nur um die Frage handeln, ob die grundlegenden Ableitungen des Autors für richtig angenommen werden können, und hier kommt zunächst in Betracht, daß bei Driesch einige Grundbegriffe der Biologie nach meiner Auffassung ganz ungenügend behandelt werden.

Was Driesch über die lebendigen Formen der Geschöpfe ausführt (S. 13), ist ganz unbestimmt und reicht entfernt nicht hin für eine Naturphilosophie, welche diese Formen zum Gegenstand hat. Driesch hat dort kurz ausgeführt, daß die lebenden Körper »typisch kombinierte Formen« sind, eine Art Stufenbau besitzen und daß die Physiologie der Formbildung das Wesentliche an den Formen selbst sei. Dies ist zu wenig. Gehen wir von der gewöhnlichen Auffassung der Morphologie als einer beschreibenden Naturwissenschaft aus, welche die Aufgabe hat, die Gestalt des Körpers und aller seiner Gliederungen im einzelnen zu schildern, so mußte meiner Meinung nach klar gesagt werden, daß wir bei dieser Übung bisher nur zu einer »Schematologie« gekommen sind. Denn die Gestalten der Geschöpfe wurden auf diese Weise zu leeren Schemen (»Schema« gleich Gestalt im Griechischen). Wollen wir zu einer wissenschaftlichen Morphologie gelangen, so muß Wert darauf gelegt werden, daß die Gestalten lediglich die äußeren Erscheinungsarten lebendiger Systeme sind, welche sich in der Gestalt zum Ausdruck bringen. Es kommt also an auf die Beziehung zwischen lebendigem Inhalt und Form. Vergleichsweise ist eine Maschine ein vom Menschengeiste ersonnenes System und hat eine bestimmte äußere Gestalt; aber diese wird in den meisten Fällen unwesentlich sein, während beim lebendigen Geschöpf die äußere Gestalt als Ausdruck des Systems wesentlicher Natur ist. Und die Gestaltungen der lebendigen Wesen, bei Tier und Pflanze, sind gesetzmäßiger Natur. Dies tritt in dem Stil der Formen zutage. welche Tier und Pflanze zeigen und welche ein künstlerisch gebildetes Auge leicht erfaßt. Dieser Formenstil ist auch der Grund dafür, daß Tier und Pflanze als Objekte der Kunst, im besonderen auch in der dekorativen Kunst, Verwendung finden können, indem der schaffende Künstler, welcher die Regeln der Gestaltung instinktiv erfaßt, die Form vom Zufälligen befreit und in der Stilisierung zum Ausdruck bringt.

Weiterhin finde ich bei Driesch keine nähere Bestimmung des Begriffes der Organisation. Dieses Wort hat eine doppelte Bedeutung und kann einen Zustand ebensowohl wie einen Prozeß bedeuten. Prozeß und Zustand im Sichtbaren können einander in sehr vollkommener Weise entsprechen. Als Prozeß bedeutet Organisation eine physiologische Verbindung von Teilen durch Synthese zu einem lebendigen System, welches in der Form seinen Ausdruck findet, wobei die Systeme nach meiner Feststellung zu einem großen Teil der Fortpflanzung durch Teilung fähig sind. Wesentlich dabei ist, daß dieser Prozeß der Organisation, angefangen von dem letzten »lebendigen Molekül« bis zum voll entwickelten Körper, sich stufenweise fortwährend wiederholt, so daß der Gesamtkörper aus einer Überschichtung derartiger Systeme besteht (Stufenordnung in der Theorie der Histosysteme oder Enkapsis). Meiner Meinung nach wurde die große Grundlinie der Entwicklung von Driesch nicht gesehen: der Körper des erwachsenen Menschen ist etwa 15 Milliarden mal größer als das Volumen des Eies, aus welchem er hervorging, alles durch Teilung lebendiger Systeme und Synthese der Formwerte in aufsteigenden Ordnungen.

Ebenso halte ich für unzureichend, was Driesch über das Wachstum sagt (S. 83). Wahres Wachstum hat allerdings Assimilation zur Voraussetzung, ist aber nicht mit diesem Vorgange identisch. Wachstum beruht aller Wahrscheinlichkeit nach auf Teilung der kleinsten Lebenseinheiten (Protomeren) und ist jedenfalls mit Synthese, das ist Organisation unter kleinsten Formwerten, verbunden; denn wenn wir lebendes Plasma durch Ausfällung der Eiweißsubstanzen vollständig zertrümmern, so zeigt sich, daß die Eiweiße, trotzdem sie Objekte der Chemie sind, welche eventuell kristallisieren können, Artcharakter besitzen. Sie sind mithin tatsächlich Reste, Trümmer aus einer feinsten Organisation, welche ein Bestandteil der in der Art sich darstellenden Form ist.

Im Zusammenhang damit steht, daß bei Driesch auf das Protoplasma als belebte Materie zu wenig Wert gelegt wird. Es figuriert eingangs in dem Kapitel über die »Mittel der Formbildung«. Nach meiner Anschauung gibt es nun allerdings gewisse Zustände des Protoplasmas, wo es im Sinne des Morphologen ungeformt ist und als ein Mittel der Formbildung betrachtet werden kann. Dies trifft zu für diejenigen Anteile der Leibessubstanz bei Protozoen und Pflanzenzellen, welche in einem gegebenen Momente in sich verschieblich erscheinen. Der Regel nach befinden sich aber die protoplasmatischen Teile im Zustande einer bestimmten Organisation metamikroskopischer Art, und hier, wie immer, sind die sichtbaren Gestalten, unter denen das Plasma erscheint, ein Ausdruck dieser seiner inneren Organisation (z. B. in der Muskulatur, bei Cilien, Pseudopodien usf.).

Schließlich kann ich nicht umhin zu bemerken, daß ich bei Driesch eine scharfe und klare Bestimmung des Begriffes der Zweckmäßigkeit in der Natur vermisse, obwohl sein großes Werk sozusagen von nichts anderem handelt. Was darüber S. 396 gesagt wird, ist meiner Meinung nach nicht hinreichend, denn es bleibt vollständig unklar, was man etwa in der organischen Natur zweckmäßig nennen darf. Ich denke dabei auch an die Beurteilung, welche Kant dieser Sache hat zuteil werden lassen. Außerdem würde es sich bei dem Vorhaben Drieschs um die Beantwortung einiger naturwissenschaftlicher Prinzipienfragen handeln. Erstlich wäre festzustellen, ob die Natur in der Entwicklung nach einem bestimmten Modell arbeitet, also ein Ziel vor

sich hat, welches sie verwirklicht. Hiervon habe ich mich nicht über-
zeugen können. Denn es ist zwar offenbar eine bestimmte Dynamik
vorhanden, die Endprodukte sind aber variabel, und zwar in außerordentlichem Grade und in allen Teilen. Zweitens ist die Frage, ob ein
bestimmter Abschluß zu einer bestimmten Zeit erreicht wird. Dies
mag bei oberflächlicher Betrachtung sich so ausnehmen, dem Prinzip
nach erscheint aber die Sache als zweifelhaft, denn es gibt nicht bloß
Pflanzen, sondern auch Tiere, welche durch Jahrhunderte hindurch
wachsen und sich fortentwickeln (z. B. unter den Fischen und Schild-
kröten), so daß ein bestimmter Terminus der Vollendung des Geschöpfes
oder des vorgestellten Modelles nicht angegeben werden kann. Diese
Tatsachen sprechen zweifellos dafür, daß in unseren praktischen
Untersuchungen, betreffend die Formen der Entwicklung in der
Natur, die mechanistische Ansicht ihre volle Berechtigung hat.

Was nun die Theorie der äquipotentiellen Systeme anlangt, so bin
ich der Meinung, daß der wachsende Keim in jedem Augenblick eine
bestimmte, in der Zeit sich verändernde Totalität ist, ein lebendiges
System im engeren Sinne, mit korrelativer Wechselwirkung unter den
Zellen. Der Beweisgang für diese Ansicht wird weiter unten beigebracht
werden. Nach der synthetischen Ansicht löst sich das Ei durch die
Furchung nicht in eine Summe auf, und die Blastomeren bilden demzufolge kein Aggregat. Ich schreibe demgemäß dem Systeme der
Furchungszellen eine bestimmte histodynamische Verfassung zu, welche
der Totalität des Keimes entsprechend ist, sich während der Entwicklung spezialisiert und in das Endganze übergeht. Den Ausdruck »Physiologie der Formen«, welchen Driesch benutzt (S. 13), aber auf die
formbildenden Kräfte der Entwicklung anwendet, beziehe ich in gleicher
Weise auch auf den Bestand des fertigen Körpers, weil ich der Meinung
bin, daß im erwachsenen Geschöpfe eine genetische Verfassung vorhanden ist, welche dauernd durch besondere Vorgänge histodynamischer
Natur unterhalten wird (vgl. weiter unten). Tritt das Ei in die Furchung ein, so wächst der Keim an innerer Mannigfaltigkeit, die Totalität
des Systems bleibt jedoch bestehen und geht lediglich in eine andere
Form über, eine Auffassung, welche sich mit der von Driesch vertre-
tenen Hypothese einer polar-bilateral-symmetrischen Struktur des Eies

im Grunde genommen trifft, aus welcher jedoch die letzten Konsequenzen im Sinne der mechanistischen Naturauffassung nicht gezogen wurden.

Sicherlich ist die Teilung des Eies als ein Fortpflanzungsakt anzusehen; folgt man der Durchfurchung des Keimes in der Anschauung und verläuft die theoretische Auffassung in analytischem Sinne, so wird man die Morula für einen Zellenhaufen, für eine bloße »Summe« halten. In synthetischer Betrachtung stellt sich jedoch die Sachlage ganz anders dar: der Keim geht durch die Zellenteilung in den Stand eines Systems von größerer Komplikation über, und die Blastomeren stellen sich als »Urgewebezellen« dar, d. h. als Zellen, welche im Sinne der Entwicklung der Formen nicht mehr selbständig, nicht mehr »automorph«, sondern »hypomorph«, der Form eines zusammengesetzten Systems untergeordnet sind. Im Sinne dieser Auffassung ist die Morula und Blastula als ein Ganzes Träger der Formbildung, und die Entwicklung der Teile bestimmt sich durch Wechselwirkung, durch die Wirkung histodynamischer Kräfte (vgl. weiter unten). Wie die Versuche Drieschs bewiesen haben, hat jedoch die Blastomere und wahrscheinlich jede Körperzelle einen Januscharakter, indem sie einerseits morphologisch und physiologisch Teil eines Ganzen ist, andererseits als Abkömmling der Eizelle Totipotenz besitzt (vgl. oben S. 12f.). Diese bleibt im normalen Verlaufe der Dinge latent, weil sie durch die lebendige Einwirkung des Systems, durch die in der Entwicklung wirksamen Kräfte, überwunden und in ihren Äußerungen gehemmt wird.

Ich gebe ohne weiteres zu, daß der Systemcharakter der Morula, ihre Totalität als lebendiges Wesen, zunächst schwer kenntlich ist, nämlich dann, wenn man von der Theorie Schwanns herkommt, welche lediglich analytischer Natur ist. Man wird aber theoretisch keinen Unterschied zwischen der Morula und der Blastula machen wollen, und an letzterer tritt der Systemcharakter sofort hervor, denn sie stellt sich als ein Geschöpf von bestimmter Beschaffenheit vor, welches vermöge seiner Bewimperung koordinierte Bewegung besitzt und frei herumschwimmt. Hätte ich eine solche Blastula jemals vor Augen gehabt, so hätte ich die Richtungsverhältnisse der Cilienbewegung, ihre rhythmisch metachrone Folge von Ort zu Ort, mit größter Sorgfalt bestimmt, weil in diesem Falle dem Fortschreiten des Bewegungsphänomens das Fortschreiten der Erregungswelle in der einschichtigen Keimhaut durch die jedesfalls vorhandenen Intercellularbrücken hindurch vollständig entsprechen muß. Wir haben also in der Blastula und ebenso in der Gastrula ein automobiles System vor uns mit besonderer Koordination der Bewegungsfunktionen, aber, wie ich noch hinzufügen möchte, ohne ein Zentrum, welches die Bewegungen leitet. Wenn wir auf diese Weise festgestellt haben, daß bei den bewimperten Echinidenlarven trotz vielzelliger Zusammensetzung die von dem Ganzen des Geschöpfes ausgehende Einheit der Leistung in den Bewegungsfunktionen klar zutage tritt, so wird man berechtigt sein zu folgern, daß für die entwicklungsgeschichtlichen Funktionen sinngemäß das gleiche gilt. Im übrigen bestehen Blastula und Gastrula im wesentlichen aus Epithelien, und ich darf somit an dieser Stelle daran erinnern, daß ich betreffs ihrer von jeher einer synthetischen Anschauungsweise huldigte und ihren Systemcharakter am Objekte selbst nachzuweisen versuchte, dies im Gegensatz zu der älteren analytisch arbeitenden Histologie, welche in den Epithelien lediglich eine Art von Zellenmosaik sehen wollte (vgl. hier S. 21; ferner »Adenomeren«, S. 165 f.).

Da nun Driesch die Morula, die Blastula und späterhin die Keimblätter der Gastrula im wesentlichen je als eine Summe äquipotentieller Zellen ansieht, in welcher lokalisierte Differenzierungen nicht ohne die Vermittlung der Entelechie auftreten können, so wird es sich fernerhin um die Frage handeln, was es damit auf sich hat. Nach meiner Meinung ist die Potenz zur Entwicklung des Geschöpfes in erster Linie dem Ganzen des Keimes zugeordnet; man wird aber den Begriff der Potenz hier besser durch den der Valenz ersetzen, weil der Keim in der Entwicklung seiner Fähigkeiten bereits begriffen ist. Die Valenzen der einzelnen Zellen bestimmen sich danach aus der Totalität des Keimes, und zwar durch Korrelation, wie man früher sagte, oder besser durch die histodynamischen Wirkungen, welche sich unter den Zellen des Systems verbreiten. Hierbei könnten die Zellen histologisch und physiologisch wesentlich von gleicher Beschaffenheit sein: dies würde keinerlei Schwierigkeit für die Theorie der Entwicklung bedingen. Es ist hier übersehen worden, daß aus der Synthese unter gleichartigen

Teilen Systeme mit neuen Eigenschaften und neuen Wirkungsmöglichkeiten hervorgehen können (mit Oskar Hertwig). Das lehren uns schon die Erfahrungen im Anorganischen: 6 Kohlenstoffatome, wenn sie linear angeordnet sind, haben als Kern eines organischen Moleküls durchaus andere Eigenschaften, als wenn sie zu einem Ringe sich schließen. Und die Schwefelatome, wenn sie in verschiedener Zahl und verschiedenen Gruppierungen zusammentreten, bedingen sehr verschiedene allotrope Modifikationen des Schwefels, welche vor allen Dingen in der Farbe ganz außerordentlich verschieden sind. Ähnliches sehen wir auch in der lebendigen Welt. Beispielsweise finden wir unter den niederen Algen zahlreiche Pflänzchen, welche dem Anscheine nach aus unter sich wesentlich gleichartigen Zellen gebildet sind und trotz dessen sehr verschiedene Formen besitzen. Es können mithin aus der Zusammensetzung gleichartiger Zellen völlig neue Gestaltungen entwickelt werden, und es stellt jede derartige Pflanze nach der synthetischen Ansicht ein System vor, welches durch die bestimmte Regel seiner Formen sich näher charakterisiert.

Nun sind aber in unserem Falle die Zellen der Morula und Blastula sicherlich von unterschiedlicher Beschaffenheit, was eine genauere histologische Untersuchung sofort an den Tag bringen würde. Man behalte auch in Erinnerung, daß Ei und Samenfaden äquipotent sind im Sinne Drieschs, aber de facto nach Form und Bau unendlich verschieden. Man kann mithin aus der Äquipotentialität nicht auf wesentliche somatische und physiologische Gleichheit schließen; die behauptete Identität betrifft nur ein bestimmtes Verhältnis, alles andere nicht. Wenn also Driesch in seiner Theorie die Blastomeren und die Zellen der Keimblätter als äquipotentiell nachgewiesen hat, weil sie, um der Sache einen kurzen Ausdruck zu geben, aller Wahrscheinlichkeit nach sämtlich totipotent sind, so beruht diese Sachlage auf einem besonderen Grunde. Ich schlage hier den folgenden Gedankengang vor, welcher durch die weiter unten folgenden Ausführungen noch besser gestützt werden wird.

Die Totipotenz ist, wie schon erwähnt, zunächst dem Ganzen des Keimes zugeordnet. Trennen wir beliebige Teile von ihm ab, so zeigen diese wiederum die Totipotenz, denn nicht nur einzelne Blastomeren, sondern auch Gruppen von solchen liefern im Prinzip das Ganze; ferner:

von der Keimhaut der Blastula kann man nach Drieschs Schilderung
beliebige Epithelfetzen herunterschneiden; wenn sie nur in einer annähernd bestimmten Lage herunterkommen und vielleicht eine gewisse
Größe nicht unterschreiten, so liefern auch sie das Ganze. Daraus kann
man entnehmen, daß das Vermögen beliebiger Teile, sich in der Richtung
des Endganzen fortzuentwickeln, zunächst eine latente oder besser:
immanente Eigenschaft ist, welche aber zum Vorschein kommt, wenn
die Teile isoliert werden, wenn also gewisse Hemmungen in Fort-
fall kommen, die von dem Ganzen des ursprünglichen
Systems ausgingen. Diese Tatsache der Reproduktion des Ganzen
aus den Teilen fällt meiner Meinung nach in den Kreis der Fortpflanzungserscheinungen hinein. Man überlege: Fall 1: Ein ge-
gliederter Wurm (*Ctenodrilus*) zerlegt sich in seine Metameren und
bildet diese durch einen besonderen Entwicklungsvorgang zu wohl-
gerundeten in sich abgeschlossenen Keimkörpern aus, welche wiederum
das Ganze des Wurmes zu liefern vermögen; Fall 2: Der Ringelwurm
Lumbriculus bricht freiwillig in mehrere Stücke auf, die Wundflächen
entwickeln Knospen, und die Teilstücke regenerieren sich vollständig;
Fall 3: Der Experimentator zerschneidet den Wurm in mehrere Stücke,
und diese regenerieren abermals. In Fall 1 liegt ein typischer Akt der
ungeschlechtlichen Fortpflanzung vor; in Fall 2 ebenso, aber in vergleichsweise roher Form; in Fall 3 wird die Fortpflanzung oder Vermehrung durch den Experimentator gemacht. Driesch reißt beim
Seeigel die beiden ersten Blastomeren auseinander: sie entwickeln sich
zum Ganzen; aber bei der *Ctenophore Bolina* leistet das nämliche der
Wellenschlag des Meeres, und es entwickeln sich nach Chun zunächst
Halblarven, welche jedoch später geschlechtsreif werden, — also: ungeschlechtliche Fortpflanzung, hervorgerufen durch ein äußeres Agens der
Natur ähnlich wie im Experimente. Und was die Blastula der Echiniden
anlangt, so haben wir die Parallele mit der Blastula des Hydroidpolypen
Oceania, welche sich durch Selbstteilung vermehrt, also eine
Analogie zu den Durchschneidungsversuchen von Driesch.

Mithin stelle ich fest, daß die experimentellen Resultate Drieschs
am Echinidenkeime und viele analoge Erfahrungen anderer Autoren
bei Tieren und Pflanzen in den Kreis der erzwungenen Fortpflan-

zungserscheinungen hineingehören, daß aber bei der ungeheuren Variabilität der Natur und ihrer Bedingungen ähnlich gelagerte Fälle spontan auftreten. Wir befinden uns hier, um es noch einmal zu wiederholen, auf der großen Linie der Natur, denn alles Lebendige entsteht und entwickelt sich durch Fortpflanzung, das ist Teilung, Spaltung, Knospung lebendiger Systeme, mögen diese nun an sich selbst Totalitäten oder Histosysteme beliebiger Ordnung sein. Das Vermögen der Teilung von Anlagekomplexen mit prospektiver Potenz auf das Ganze oder Teilganze, in dem sie stehen, ist daher, teleologisch gesprochen, potentiell überall vorhanden, denn ohne dies Vermögen wäre kein dauernder Bestand des Lebens und der Entwicklung möglich. Realisiert werden derartige Potenzen teils im regelmäßigen Turnus der Entwicklung, teils bedingungsweise hier und dort als normale Erscheinung des Lebens, z. B. bei Gelegenheit der Entstehung der Adventivknospen, teils ausnahmsweise in der Form des Lusus naturae oder durch den Experimentator. Die Allgegenwart solcher Potenzen deutet darauf hin, daß es sich um Eigenschaften handelt, welche dem Leben immanent sind, also um Eigenschaften, welche das Leben selbst bedeuten, ähnlich wie die Irritabilität, der Stoffwechsel und die Fortpflanzung.

Nach den obigen Ausführungen können wir unsere theoretische Gesamtauffassung hinsichtlich der wesentlichsten Punkte kurz wie folgt formulieren. Der Keim ist auf jedem Stadium der Ontogenese eine in sich geschlossene Totalität, welche als solche Träger der Valenz, Träger der Formbildung ist. Die Entwicklung der Teile bestimmt sich durch Wechselwirkung, also durch Wirkung korrelativer oder histodynamischer Kräfte. Wird der Keim experimentell in Stücke zerteilt oder pflanzt sich die Larve durch Selbstteilung fort, so werden die histodynamischen Wirkungen, welche zwischen den Teilen zuvor bestanden, eo ipso aufgehoben. Diese Wirkungen, von denen die Rede ist, sind zunächst der Totalität des Keimes zugeordnet; aus ihnen heraus bestimmen sich die Valenzen der Teile und eben hierdurch auch die Hemmungen jener latenten Fähigkeiten, welche unter Umständen, nach Zerstückelung des Keimes, in der Entwicklung der Totalität aus den Teilen zur Erscheinung kommen. Ist die Hemmung fortgefallen so ist die Möglichkeit der Entwicklung des Teils zum Ganzen gegeben, welche experimentell beobachtet und auch durch besondere Naturvorgänge dokumentiert wird. Die Teilstücke verhalten sich danach im Prinzip genau ebenso wie der ursprünglich gegebene normale ganze Keim (bzw. das Keimblatt), d. h. die valente Befähigung zur Entwicklung der Totalität (bzw. des Teilganzen) ist wiederum eine Eigenschaft des verkleinerten Systems, wobei die besonderen Valenzen der histologischen Elemente sich wiederum durch histodynamische Wechselwirkung bestimmen.

Durch diese Beschreibung wird allerdings zunächst nichts erklärt. Es wird nur ein Tatbestand festgestellt, vor allem der Tatbestand, daß ein oder mehrere Blastomeren, ein größeres oder kleineres Stück der Blastula oder des Larvenektoderms das Ganze liefern kann. Die nähere Beweisführung betreffend die Theorie der Kräfte, welche in der Entwicklung tätig sind, wird weiter unten gebracht werden.

C. Die äquipotentiellen Systeme der Speicheldrüsen.

a) Einleitung: Weitere Ausführungen zur synthetischen Theorie des tierischen Körpers.

Ich nehme nunmehr den Faden der Erzählung betreffend die Entstehungsgeschichte meiner synthetischen Theorie des tierischen Körpers wieder auf, weil dadurch die Zusammenhänge in meinen Veröffentlichungen und auch der Inhalt der Theorie verständlicher werden. Wie erinnerlich (vgl. S. 20 f.), war ich zunächst darauf ausgegangen, an einem kleinen Ausschnitt aus dem lebendigen Universum unseres Körpers dessen Systemcharakter festzustellen, und hatte mich im besonderen darum bemüht, an der Hand cellularhistologischer Untersuchungen über die Polarität der Zellen eine spezifische Richtungsorganisation innerhalb der Epithelien aufzufinden. Durch diese sehr langwierigen Untersuchungen, zunächst an der Zelle selbst, später auch am Muskel, auf die Fortpflanzungserscheinungen hingeleitet, brachte ich 1907 die »Teilkörpertheorie« in großem Umrisse heraus (Plasma und Zelle, I). Der Leser bemerkt nun leicht die doppelte Wurzel dieser Theorie: auf der einen Seite lagen ihr reine Strukturuntersuchungen am fertigen Objekte zugrunde, auf der anderen Seite handelte es sich in den Fortpflanzungs-

erscheinungen um bestimmte Vorgänge der Entwicklungsphysiologie
Der zweite Weg erwies sich in der Folge als der fruchtbarere, da die
Formen der Vermehrung geweblicher Systeme höherer Ordnung auf dem
Wege der Spaltung nur als Systemfunktionen aufgefaßt werden
können und somit eo ipso über die Zelle als alleinigen Träger der Lebens-
erscheinungen hinausweisen. Im übrigen hängen die Untersuchungen
über die Struktur des fertigen Objektes und über die Physiologie der
Entwicklung viel inniger in sich zusammen, als dies bisher angenommen
worden ist. Die Entwicklung ist ein Vorgang mit bestimmtem zeit-
lichem Verlauf, während dessen ein Material, welches dauernd
wächst und schwillt, nach bestimmten Naturgesetzen geordnet wird,
wobei die in der Zeit sich vollziehende Ordnung der Dinge schließlich
als ein Nebeneinander im Raume, als eine Regel des Aufbaues erscheint.
Man kann daher von einer bildhaften Projektion des Entwicklungsprozesses in den Raum sprechen, worüber ich mich ein andermal aus-
lassen werde. Jedenfalls war unter diesem Gesichtspunkte das Studium
des fertigen Objektes ein mächtiger Hebel für meine Untersuchungen.

Die Theorie der Histosysteme ist mittlerweile so bekannt geworden,
daß ich sie an dieser Stelle nicht noch einmal zu begründen brauche.
Es sind nur einige wenige Begriffe, die ich neu eingeführt habe, und
diese suchte ich möglichst allgemein zu fassen, weil der Rahmen der
neuen Lehre noch auf längere Zeit hinaus in sich beweglich und gestal-
tungsfähig bleiben muß. Wir sind erst im Anfange der Aufsammlung
eines neuen Tatsachenmaterials, und es wäre sehr unvorsichtig, sich
vorzeitig auf viele Details festzulegen, da mit dem Wachstum unserer
Kenntnisse sich immer wieder neue Gesichtspunkte ergeben werden.
In diesem Sinne habe ich schon in meiner Arbeit über die »Adenomeren«
von 1921 den Begriff der Histosysteme wesentlich erweitert (S. 162 ff.)
und klargelegt, daß sie durch ein ganzes Bündel von Merkmalen charakterisiert werden, von denen eventuell das eine oder andere fehlen kann.
Die Fähigkeit zur Fortpflanzung und synthetischen Verbindung der
Nachkommen in Kombinationen höherer Ordnung, welche diesen Systemen meistenteils eignet, bedeutet jedenfalls im Bereiche der Geschichte der Organisation lebender Wesen sehr viel, aber nicht alles.
Die experimentellen Erfahrungen Drieschs und seiner Nachfolger

(Wilson, Morgan, Zoja usw.) haben dies klar gezeigt. Wenn ich nun an dieser Stelle das Beispiel der Speicheldrüsen wegen der Parallelen mit dem Echinidenkeime ausführlicher behandele, so muß ich doch darauf aufmerksam machen, daß dieses sich zur Darstellung meiner Lehre eigentlich weniger eignet als andere Organe, also etwa die Niere, die ich zuletzt bearbeitet habe (1923). Bei dieser tritt ein gewisser Typus der Organisation, welcher ein Effekt stufenartig übereinandergesetzter Histosysteme ist, mit so vollendeter Deutlichkeit hervor wie bei keinem anderen Objekte. Hier trifft zu, was ich oben ausführte: Organisation als Prozeß und Organisation als Zustand entsprechen sich in sehr vollkommener Weise; die bildhafte Projektion der Entwicklungsvorgänge in den Raum liegt klar vor unseren Augen.

Ehe ich nun in die Darstellung des Sachverhaltes bei den Speicheldrüsen eintrete, stelle ich hier in kurzen Leitsätzen den Hauptinhalt meiner Strukturtheorie des tierischen Körpers zusammen. Beim Überlesen wäre zu beachten, daß ein jeder Ausschnitt aus der lebendigen Welt unseres Körpers, beispielsweise Muskeln, Lungen, Niere, Darmwand, je nach den Betriebsfunktionen, welche der betreffende Teil leistet, immer wieder eine andere Beschaffenheit darbieten wird, freilich unter Beibehaltung der wesentlichen Grundzüge des genetischen Strukturprinzips.

1. Der Körper ist weder im Ganzen noch in den Teilen eine Summe oder ein Aggregat von Zellen (und anderen Strukturbestandteilen). Er setzt sich zusammen aus genetischen Systemen oder Formwerten niederer und höherer Ordnung, von denen die letzteren die ersteren in sich einschließen (Ineinanderschachtelung oder Enkapsis).

2. Der Regel nach sind die Histosysteme entweder effektiv oder der Anlage nach teilbar. Der Begriff der Teilbarkeit muß hierbei im weitesten Sinne genommen werden. Es gehören hierher nicht nur die Teilungserscheinungen im engeren Sinne (Zellenteilung, Spaltung von Drüsenröhren, Dünndarmzotten usw.), sondern vor allen Dingen auch die Formen der Knospung. Die Teilungserscheinungen gehen gelegentlich in die Form geweblicher Differenzierungen über, durch welche die zahlenmäßige Vermehrung der Histosysteme zustande gebracht wird (beobachtet z. B. an der Darmschleimhaut).

3. Die Organisation der Histosysteme kommt in ihrer äußeren Gestalt zur Erscheinung (Beziehung zwischen Inhalt und Form).

4. Die Formen der Fortpflanzung geweblicher Systeme sind den Vorgängen der ungeschlechtlichen Vermehrung bei wirbellosen Tieren entwicklungsphysiologisch analog.

5. Jedes Histosystem beliebiger Ordnung besitzt eine eigene entwicklungsphysiologische Verfassung und ist demgemäß als solches funktions- und reaktionsfähig. Die Verfassung bezieht sich in erster Linie auf die Möglichkeit der Fortpflanzung, und demgemäß sind die Teilungsvorgänge als Systemfunktionen oder Gemeinschaftshandlungen aller in das System eingeschlossenen Formwerte niederer Ordnung aufzufassen.

6. Wegen der Ineinanderschachtelung oder Enkapsis der Histosysteme stellen diese zugleich dynamische Wirkungskreise niederer und höherer Ordnung vor.

7. In der Ontogenese bedeuten die Formen der Teilung zugleich Formen der Synthese, und zwar dadurch, daß der Teilungsakt der Regel nach nicht zum vollständigen Auseinanderfall der beiden Nachkommen führt, welche somit in körperlichem Zusammenhange verbleiben und, eventuell durch Wiederholung des Teilungsaktes in eine Kombination, ein System oberer Ordnung übergehen, welches als solches seinerseits wiederum Teilungsfähigkeit besitzen und die Basis für Kombinationen von abermals höherer Ordnung abgeben kann.

8. Die entwicklungsgeschichtliche Synthese auf der Grundlage der Fortpflanzungsformen bedeutet somit Organisation der Formwerte unter sich in aufsteigenden Ordnungen mit dem morphologischen Resultate der Enkapsis. Wo diese Art der Entwicklung in typischer Folge zustande kommt, entstehen Struktursysteme, welche ich als gewebliche Stockbildungen (Histocormi) bezeichnet habe, weil sie an die Stockbildungen bei niederen Tieren erinnern.

9. Die entwicklungsgeschichtlichen Funktionen erschöpfen sich keineswegs in den Teilungsvorgängen; sie sind mannigfaltiger Art. Zu ihnen gehören in erster Linie alle einheitlichen Leistungen, welche in der Kontinuität der Gewebe von einer Vielzahl von Zellen geleistet werden, wie z. B. die Produktion der faserigen Differenzierungen im Bindegewebe und in der Muskulatur des Herzens ebenso wie die Bildung

in sich zusammenhängender Cuticulae. Zu den Systemfunktionen im weiteren Sinne gehören ferner die spezifische Regeneration, die Variation und die Dissoziation (vgl. 1921, S. 171 ff.).

10. Die Kräfte, welche den konstitutionellen Charakter der Histosysteme bedingen, können nur im allgemeinen charakterisiert werden. Sie wurden von mir bisher als »histodynamische« Wirkungen bezeichnet und sind dem Wesen nach identisch mit jenen Kräften, welche den entwicklungsgeschichtlichen Korrelationen zugrunde liegen. Nach Ablauf der Teilungserscheinungen bleiben diese Kräfte unter den in sich verbundenen Abkömmlingen des Systems bestehen und gehen schließlich in den Bestand des fertigen Körpers über, dessen formale Konstitution sie primär bedingen.

11. Analytisch kommt man durch die Verfolgung der Teilungserscheinungen bis zu einem Ultimus terminus der lebendigen Substanz, bis zur kleinsten Lebenseinheit oder dem Protomer. Da von diesem angefangen die sämtlichen Ordnungen der Histosysteme jeweils unter dem Einfluß der ihnen übergeordneten Wirkungskreise stehen und alle auf ihre Umgebung zurückwirken, so habe ich auch von einer kosmischen Theorie des tierischen Körpers gesprochen.

12. Die synthetische Betrachtungsweise schließt die Begründung einer neuen Wissenschaft, der synthetischen Morphologie oder Synthesiologie, in sich ein, welche ich der älteren Anatomie oder Zergliederungskunst gegenübergestellt habe.

b) Die Entwicklung der Glandula submaxillaris des Menschen.

Die Glandula submaxillaris besitzt bei einem Embryo vom vierten Monat eine Größe von etwa 2—3 mm und weist ein weitläufiges Astwerk auf, welches in ein reichliches embryonales Bindegewebe eingebettet ist. An dem epithelialen Bestandteile unterscheide ich der Form nach die Gänge und die Scheitelknospen. Letztere sind rundliche, dickliche Gebilde, welche sich von den Gängen gut absetzen (Abb. 8), so daß im ganzen die Traubenform des Organs deutlich hervortritt. Diese Scheitelknospen wurden von den Autoren unter dem Namen der Acini beschrieben, eine Bezeichnungsweise, welche von den Drüsen des Erwachsenen hergenommen ist und eigentlich den sezernierenden End-

abschnitt bedeutet. Hier aber handelt es sich zunächst um Embryonalorgane, welche das Vermögen der Zweiteilung besitzen und während

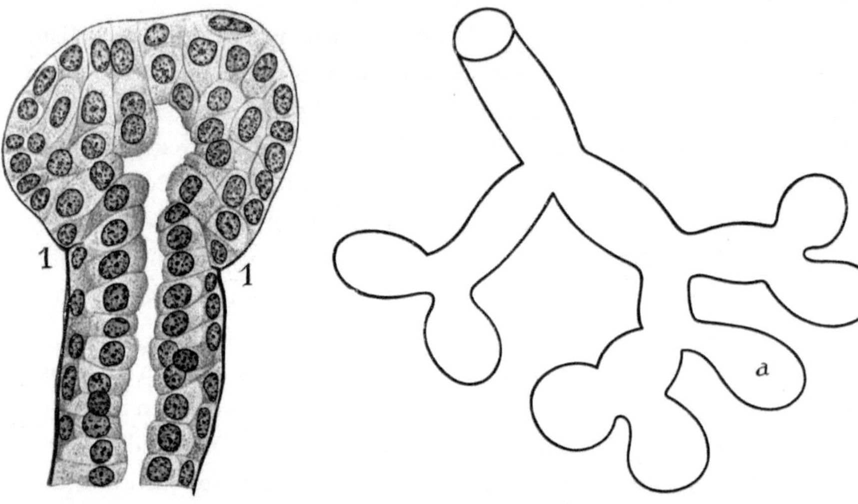

Abb. 8. Submaxillaris, embryonal, Vergr. 575. Scheitelknospe mit deutlicher Absetzung
gegen den präterminalen Zweig
bei 1.

Abb. 9. Submaxillaris, embryonal. Primitive Dichotomie eines Drüsenzweigleins. Bei *a* äquatorialer Durch-
schnitt eines zweigeteilten Endes.

Abb. 10. Submaxillaris, embryonal. Umsetzung
des Drüsenzweigleins auf die sympodiale Form. *a* und
b zwei in Teilung befindliche Scheitelknospen; *c* ein
kleines Seitenästchen im äquatorialen Schnitt; *d* eine
laterale Knospe; *e* ein größeres Seitenästchen mit ge-
teilter Scheitelknospe und einer lateralen Knospe bei
f; *g* und *i* kleinere Seitenzweige; *h* eine laterale
Knospe.

der Entwicklungsperiode
eine millionenfache Nach-
kommenschaft liefern. Ich
habe sie daher als Adeno-
meren oder teilungsfähige
Drüseneinheiten bezeich-
net. Eine unmittelbare
Folge der Zweiteilung dieser
Embryonalorgane ist die
dem Ursprunge nach streng
dichotomische Auszweigung
der Drüsenäste (Abb. 9);
diese verschwindet jedoch
bald, indem die Gänge sich
strecken, und das Verzwei-
gungssystem gewinnt da-

durch die gewöhnliche Form eines Bäumchens mit Haupt- und Neben-
achsen. Die in Rede stehende Streckung der Gänge findet in der Weise
statt, daß von den beiden zueinander gehörigen Tochterknospen die ein
ein der Entwicklung zurückbleibt, die andere schneller fortschreitet, an
Kaliber gewinnt und in die Richtung des voraufgehenden Ästchens sich
einstellt. Auf diese Weise wird die Dichotomie in eine sympodiale Form
der Auszweigung umgesetzt (Abb. 10; das Genauere vgl. in »Adenomeren«,

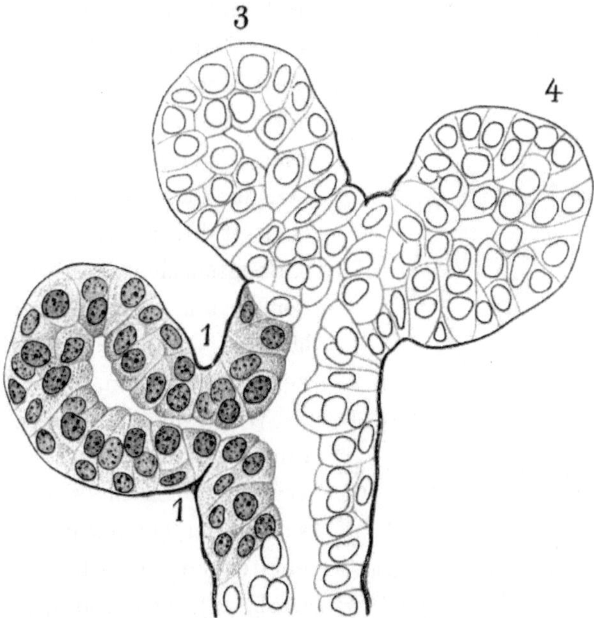

Abb. 11. Submaxillaris, embryonal. Vergr. 557. Endästchen mit lateraler Knospe.
Bei 1 Einfurchung an der Basis der lateralen Knospe. Bei 3 und 4 die beiden Tochterknospen, welche aus dem Geschwister der lateralen Knospe hervorgegangen sind.

S. 64 ff.). Die zweite Knospe, welche in der Entwicklung hintangehalten
ist, wird dadurch gewissermaßen in eine seitliche Stellung herabgedrückt;
man findet daher die »laterale« Knospe häufig unmittelbar unter dem
Scheitel der Drüsenzweige (Abb. 11). Diese Beobachtungen über die
ursprüngliche Dichotomie der Verzweigungssysteme beweisen, daß die
Scheitelknospen oder Adenomeren in der Tat Histosysteme sind, welche
mit der unveränderlichen immanenten Fähigkeit der Zweiteilung be-
gabt sind.

Zwischen den Epithelien der Endgänge und der Scheitelknospen bestehen gewisse Unterschiede, welche jedoch nicht wesentlicher Natur zu sein scheinen. In den präterminalen Gängen hat man ein Cylinderepithel mit basalen Zellen (Abb. 8), wogegen in den Adenomeren das Epithel oft mehrschichtig erscheint. Aber auch hier gibt es sicherlich viele Zellen, welche durch die ganze Dicke des Epithels hindurchreichen, und andererseits setzen sich die basalen Zellen der Endgänge auch in die Adenomeren hinein fort. Niemals habe ich in den Scheitelknospen das Lumen vermißt, entgegen den Angaben der Literatur, ein Umstand, welcher praktisch wichtig ist, weil die Anfangsstadien der Teilung der Adenomere am leichtesten an den gleichläufigen Veränderungen des Lumens kenntlich werden.

Wenn die Adenomere in die Teilung eintritt, so zeigt sie ein »transversales Wachstum«, d. h. sie dehnt sich in der Querrichtung aus, und so entsteht eine typische »Hammerform« (Abb. 12), während gleichzeitig das Lumen eine zweizipfelige Ausziehung erleidet. In diesem Augenblicke haben

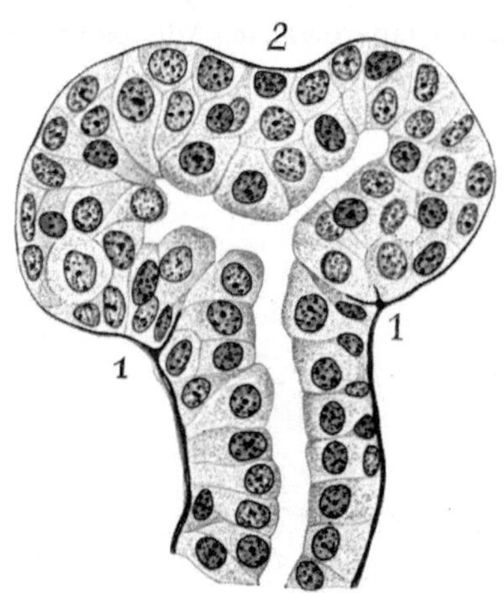

Abb. 12. Submaxillaris, embryonal. Vergr. 575. Scheitelknospe in Teilung begriffen mit deutlicher Einfaltung der Basalmembran an ihrer Basis bei 1. Die Knospe ist hammerförmig und zeigt eine apikale Einfurchung in der Symmetrieebene der Teilungsfigur. Die wuchernden Pole der Tochterknospen sind an der Verdünnung der Basalmembran kenntlich.

wir bereits an Stelle eines Scheitelpoles deren zwei, und zwischen beiden ist eine apikale Einfurchung sichtbar geworden. Leider verläuft bei diesem Objekte der erste Beginn der Teilung durchaus latent, so daß der eigentliche Moment der Zerlegung des Scheitelpoles der Mutteradenomere nicht direkt beobachtet werden kann; ist eine deutliche Einfurchung zwischen den in Entstehung begriffenen Tochterknospen bereits sichtbar geworden, so ist an dieser Stelle die Basalmembran des Epithels bereits etwas verdickt (Abb. 12 bei 2), ein sicheres Anzeichen dafür, daß an diesem Orte schon ein relatives Ruhestadium in der Entwicklung der Epithelien eingetreten ist, während andererseits zur Rechten und zur Linken an den in lebhaftem Wachstum begriffenen Tochterscheitelpolen die Basalmembran äußerst zart, oft kaum bemerkbar ist. In den späteren Stadien der Teilung verdünnt sich im Grunde der apikalen Einfurchung das Epithel und nimmt den Charakter des Epithels der Endgänge an, und so entsteht die neue dichotomische Auszweigung des Endganges. In Abb. 13 ist die Teilung der Scheitelknospe vollendet; jede Tochteradenomere weist an der Basis einen verschmälerten Sockel auf, welcher nichts anderes ist als die Anlage des Endganges neuer Ordnung. Die Entstehung des letzteren kann bei den »lateralen« Knospen noch etwas genauer beobachtet werden, also bei denjenigen Adenomeren, welche in der Entwicklung zurückgeblieben und unterhalb des Schei-

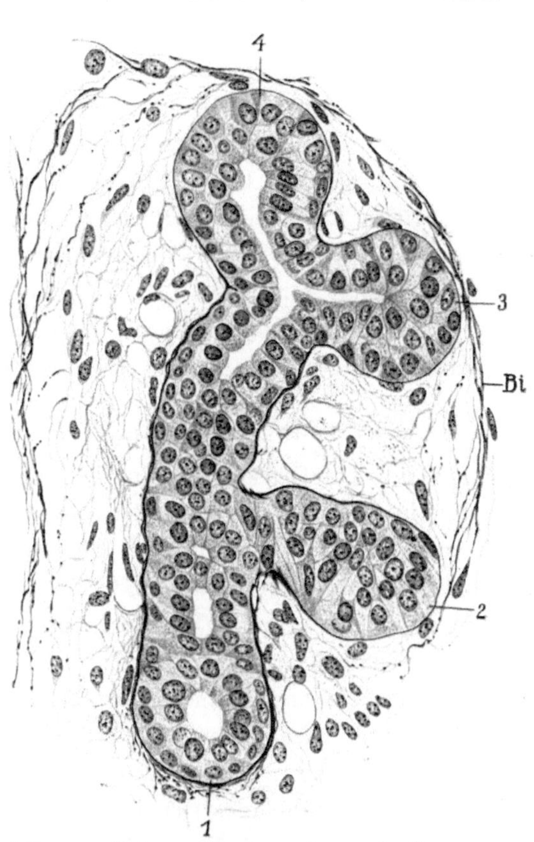

Abb. 13. Submaxillaris, embryonal. Vergr. 400. Endästchen mit umgebenden bindegewebigen Teilen. 1 basales Ende; 2 laterale Knospe, tangential angeschnitten; 3 und 4 zwei neu entstehende Endästchen, welche aus der Teilung der Scheitelknospe hervorgegangen sind; *Bi* Bindegewebshaut, welche das Läppchen begrenzt.

telpoles in eine seitliche Stellung geraten sind. Durch Vergleich der aufeinander folgenden Stadien läßt sich hier leicht feststellen, daß der präterminale Gang neuer Ordnung aus einer schmalen Zone an der Basis der Tochterknospe hervorgeht (Abb. 11).

Wie man bemerkt, sind die Ergebnisse der Beobachtung, welche die embryonale Submaxillaris liefert, keineswegs sehr ergiebig. Indessen zeigen die späten Stadien der Entwicklung, welche an den fertigen Zustand der Drüse unmittelbar anschließen, die Erscheinung der Adenomerenteilung in mancher Beziehung um vieles deutlicher. Ich verzichte jedoch darauf, diesem Gegenstande näherzutreten, weil unser demnächst zu besprechendes zweites Objekt der Betrachtung eine viel willkommenere Ergänzung bietet. Ich hebe schließlich noch einmal hervor, daß das »transversale Wachstum« der Adenomere im Beginne der Teilung und die Entwicklung der »Hammerform« ungemein charakteristisch ist und sich in gleicher Weise bei der Lunge wiederholt, wie die Beobachtungen von Herrn Dr. Wilhelm Bender auf unserem Institute gezeigt haben.

c) Die Entwicklung der Stenoschen Nasendrüse der Katze.

Die Stenosche Drüse gehört in die Gruppe der Speicheldrüsen; man findet sie in der seitlichen Wand der Nasenhöhle, und zwar im mittleren Nasengange. Ihr ziemlich langer Ausführungsgang verläuft in der Schleimhaut nach vorn und mündet in der Nähe der Nasenöffnung. Besonders auf den späteren Entwicklungsstadien zeigt das kleine Organ eine wunderbare Klarheit der Formen und des Aufbaues im einzelnen. An den vergleichsweise dünnen Endverzweigungen hängen massenhafte große Acini oder Adenomeren (Abb. 14), deren Zellen bereits histologisch ausdifferenziert sind und bei Anwendung meiner »Azanmethode« durch Annahme des Anilinblaues sich im ganzen schön himmelblau färben, während ihre Kerne und die Epithelien der Gänge die hochrote Farbe des Azokarmins aufweisen. Die Gänge zeigen eine zweite äußere Zellschicht, welche oft bis an die Basis der Adenomere verfolgt werden kann, während diese selbst sich lediglich aus einer einfachen Schichte schöner hochcylindrischer Zellen zusammensetzt.

In der Nasendrüse lassen sich alle diese bestimmten Formverhältnisse beobachten, welche mit der fortgesetzten Teilung der Drüseneinheiten in Zusammenhang stehen, so vor allen Dingen das »transversale Wachstum« der Adenomeren, die verschiedenen Teilungszustände und, ebenso wie übrigens in den Speicheldrüsen, das Auftreten massenhafter poly-

merer Bildungen, wenn die Teilungen unvollkommen blieben und die
Adenomere solchergestalt in den Endzustand überging.   Unsere Abb. 14
zeigt ein passendes Übersichtsbild; bei 1 hat man eine typische Adeno-

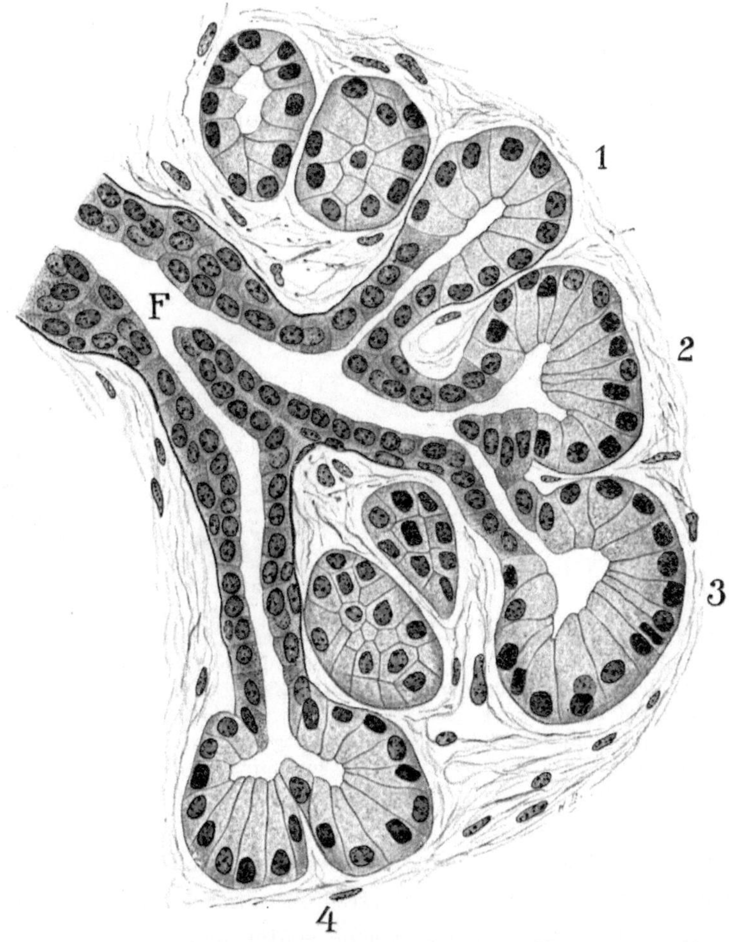

Abb. 14. Katze, Stenosche Drüse, spätes Stadium. Vergr. 575.   Bei 1—4
Adenomeren; 2 und 3 in transversaler Ausbreitung; 4 in Teilung.   Bei 4 sieht man
die umgekehrt kegelförmige Zelle und den Beginn der Epithelspaltung.   Bei *F* Auftreten einer ungespaltenen Trennungsfalte des Ganges.

mere, bei 2 beginnt das transversale Wachstum, bei 3 setzt sie sich fort,
und bei 4 sieht man eine Art Spaltung des Epithels in der Symmetrieebene der Teilungsfigur, den Beginn der Sonderung der beiden Tochter-

adenomeren. Wir haben nun hier bei der Stenoschen Drüse den großen Vorteil, daß die entscheidenden Stadien des Teilungsvorganges, welche bei der embryonalen Submaxillaris latent verliefen, ganz genau ermittelt werden können.

Die Zellen der Adenomere haben durchschnittlich eine ganz ausgesprochene kegelförmige Gestalt, mit der Basis nach außen und der abgestumpften Spitze nach innen. Man sieht nun im Beginne der Teilung auf dem mittleren Durchschnitte der Adenomere genau in der Symmetrieebene der Teilungsfigur eine »umgekehrt kegelförmige« Zelle auftreten,

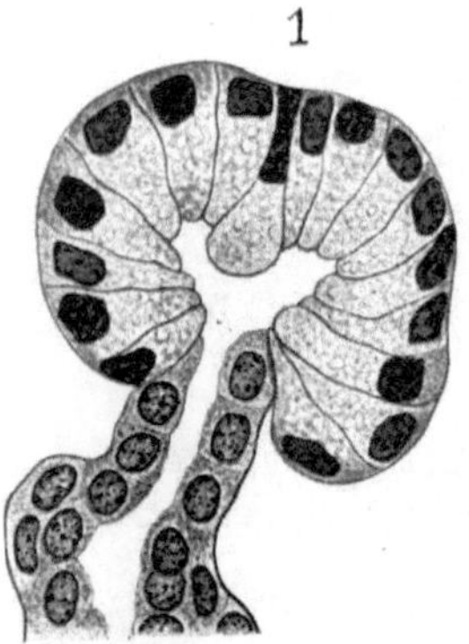

Abb. 15. Katze, Stenosche Nasendrüse, spätes Stadium. Vergr. 635. Erster Beginn der Teilung der Adenomere. Bei 1 Entstehung der umgekehrt kegelförmigen Zelle in der Symmetrieebene der Teilungsfigur.

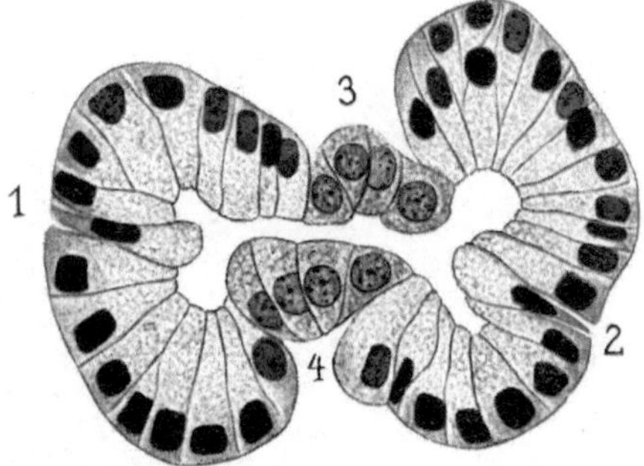

Abb. 16. Katze, Stenosche Drüse, spätes Stadium. Vergr. 635. Querschnitt durch das Scheitelende des Drüsenzweiges. Bei 3 Querschnitt durch das äußerste Ende des präterminalen Zweiges. Rechter und linker Hand bei 1 und 2 je eine Adenomere, welche in Teilung begriffen ist. Man erkennt die umgekehrt kegelförmigen Zellen und den Beginn der Epithelspaltung.

also mit der Basis nach innen und der Spitze nach außen (Abb. 15). Diese entspricht in räumlicher Vorstellung einer einreihigen Zeile von Zellen, den »Trennungszellen«, welche später in den Grund der Einfurchung zwischen die beiden Tochteradenomeren zu liegen kommen. Im zweiten Stadium entweicht der Kern in der Richtung nach einwärts (Abb. 16), während der basale Zellteil sich in einen schmalen Fortsatz auszieht. Dieser Fortsatz verliert die Verbindung mit der Umgebung und wird von dieser durch deutliche Intercellularräume isoliert. Im dritten Stadium zieht er sich auf den kernhaltigen Teil der Zelle zurück

(Abb. 17), während gleichzeitig die beiden Tochteradenomeren zur Rechten und zur Linken sich emporwulsten. Dadurch entsteht eine tiefe Einfurchung zwischen den beiden Tochteradenomeren, in deren Grunde eine einfache Reihe von Trennungszellen liegt, welche vorher prächtige granulahaltige Drüsenzellen waren und sich nunmehr rückwärts umdifferenzieren in indifferente Gangzellen. Schließlich wachsen die an der Basis der Adenomere liegenden Gangzellen zu dem präterminalen Gange neuer Ordnung aus, wovon man die Anfänge in Abb. 18 sieht.

Bei der Stenoschen Drüse konnte zum ersten Male im Bereiche der Speicheldrüsen nachgewiesen werden, daß auch die Gänge der Längsteilung fähig sind, daß sie also ebenso wie die Adenomeren zu den teilbaren Histosystemen gehören. Allerdings ließ sich dieser Vorgang nur an der Hand

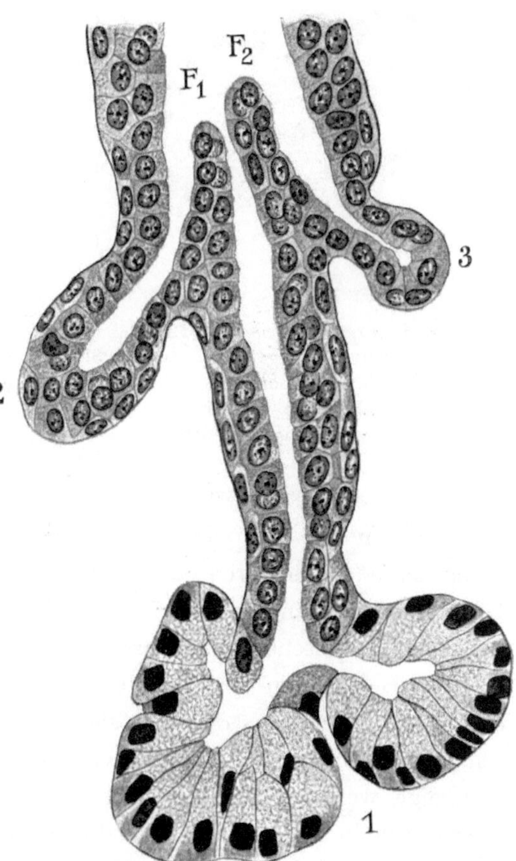

Abb. 17. Katze, Stenosche Drüse, spätes Stadium. Vergr. 635. Drüsenästchen mit Scheitelknospe nach vollendeter Teilung. Bei 1 die Trennungsfurche, in deren Grunde die Trennungszelle sichtbar ist. Bei F_1 und F_2 zwei basalwärts vorwachsende Trennungsfalten.

gewisser Hemmungsbilder klarlegen, welche bei unvollständiger Spaltung des Ganges bei unserer Drüse in großer Zahl auftreten (vgl. Adenomeren, S. 110 ff.). Der fragliche Vorgang verläuft im Prinzipe so, daß die epitheliale Einfaltung, welche die beiden Tochteradenomeren voneinander sondert, sich in der Richtung gegen den Drüsengang fortsetzt und diesen durchschneidet. In Abb. 14 sehen wir bei F eine derartige Trennungsfalte, welche, indem sie in der Richtung basalwärts sich weiter entwickelt, einen breiten Drüsengang durchteilt. Inder embryonalen Niere des Menschen findet man nach meinen Untersuchungen Hunderte von Beispielen dieser Art von Spaltung der Drüsenröhren an den Sammelgängen; hier bleibt auch die primäre Dichotomie in den Sammelrohrsystemen vollständig erhalten, so daß wir bei diesen eine vollkommene Raumprojektion der Entwicklung vor uns haben.

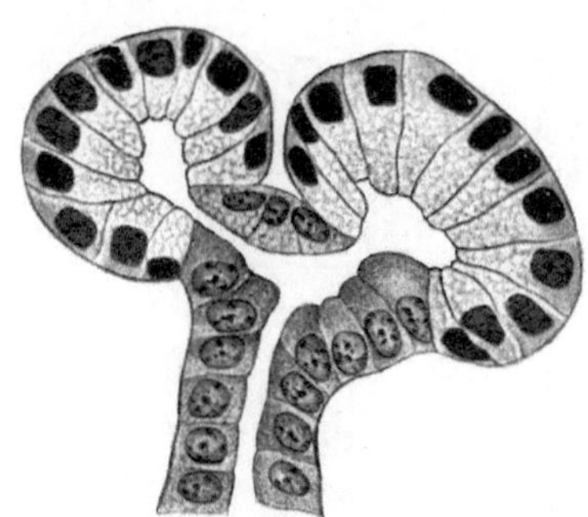

Abb. 18. Katze, Stenosche Drüse, spätes Stadium. Vergr. 635. Zwei zueinander gehörige Tochteradenomeren, bei welchen die präterminalen Gänge deutlich angelegt sind.

d) Ergebnisse zur Theorie der Teilkörpersysteme.

Ich kann hier nur wiederholen, was ich an anderen Orten bereits gesagt habe (Adenomeren, S. 127 ff.). Wir müssen uns bestreben, unsere Objekte, die Drüsen, als einen Teilausschnitt aus dem großen lebendigen Kosmos des tierischen und menschlichen Körpers zu betrachten. Bisher war das Bewußtsein der Einheitlichkeit, der Wesenheit, der Totalität des Körperganzen aus den biologischen Wissenschaften über der Versenkung in zahllose Einzelheiten verloren gegangen. Der Gelehrte war befriedigt, wenn er bei einer solchen Drüse das Gangsystem samt den sezernierenden Endabschnitten in die Zellen zerlegt und die Beziehungen der letzteren zu den ökonomischen Funktionen (Sekretion) klargelegt hatte. Darüber ging die Betrachtung des genetischen Systems, welches in der Form, in der Gestaltung des Ganzen und seiner Teile seinen Ausdruck findet, nahezu vollständig verloren. Man kam auf diesem Felde nicht zu dem Begriff eines embryodynamischen Systems, welches nach bestimmten körpereigenen Gesetzen des Wachstums entwickelt wird und, wenn vorhanden, sich auch dauernd durch eine eigene Art der Tätigkeit und der Reaktionen in seinem Formbestande erhält.

Nach unseren Beobachtungen kann man sich das folgende Bild von der Gesamtkonstitution einer traubenförmigen Drüse machen. Die Scheitelknospe oder Adenomere, Acinus der Physiologen, stellt sich als ein teilungsfähiges Embryonalorgan vor; jede Gabelungsstelle des Drüsenbäumchens entspricht, mag nun die primäre Dichotomie erhalten sein oder nicht, einem Teilungsakte der Adenomere, und das verzweigte Astwerk setzt sich somit der Idee nach aus einer Summe hintereinander folgender Einzelglieder zusammen, welche an den Gabelungsstellen sich gegeneinander begrenzen. Die großen Drüsengänge sind zweifellos der Potenz nach gleichfalls spaltungsfähige Histosysteme, wie besonders bei dem Parallelfall der Niere sich in einwandfreier Weise klarlegen ließ. Solange noch das Längenwachstum der Zweige währt, erfolgt nach jeder Teilung der Adonomere ein Auswachsen ihres basalen Abschnittes zu einem neuen Endgange, und so wird im Verlaufe vieler Teilungen gewissermaßen auf das System des Drüsenbäumchens ein Stockwerk über das andere aufgesetzt. Die Gliederung des Drüsenbäumchens kann man demnach auch als eine Art Metamerie auffassen, oder man kann, wenn man will, von einer »Schizomerie« sprechen, wenn man im Auge behält, daß die metamere Folge der Stengelglieder an den Internodien jedesmal mit einer Längsspaltung sich verbindet.

Dies auf solche Weise entworfene Bild entspricht einer schematischen Vorstellungsweise; ich muß daher als meine Meinung hinzufügen, daß alles, was wir in dem Systeme der Drüse als Einteilung, Klassifikation, analytische Trennung der Teile begrifflich festlegen, letzten Endes künstlicher, sagen wir: anthropomorpher Natur ist. Alles Lebendige in einem derartigen Systeme verbindet sich synthetisch in der Entwicklung zu einer höheren Einheit durch die Kräfte, welche die Korrelation der Teile besorgen. Aber nicht zu vergessen: Das Wesen der Sache, die Form der Enkapsis der Histosysteme, erkennt man deutlich an einem passend gefärbten Durchschnitte der Drüse schon bei schwacher Vergrößerung an der Art und Weise, wie größere und kleinere Läppchen durch gegenseitige Umschließung ineinander geordnet sind.

e) Adventive Knospung.

Bei der Steno schen Nasendrüse findet sich auf frühen Stadien eine besondere Merkwürdigkeit, nämlich der Vorgang der adventiven

Knospung, in ähnlicher Art, wie wir ihn bei Pflanzen sehen, nämlich die Bildung von Seitenzweigen des Drüsenbäumchens aus kleinsten Gruppen von Zellen bzw. einzelnen Zellen. Dieser Vorgang ist in theoretischer Beziehung hochwichtig und erlaubt besondere Parallelen mit dem Objekte von Driesch, wie ich weiter unten noch näher ausführen werde.

Untersucht man frühe Stadien der Drüse, so findet man kein ausgesprochen dichotomisches System, vielmehr ein irgendwie verzweigtes Bäumchen epithelialer Gänge, an deren Ende meistenteils große, gut kenntliche Scheitelknospen sitzen. Auf den präterminalen Strecken ferner findet man die Epithelien in Wucherung, und hier beobachtet man auch die Frühstadien der adventiven Knospung; wiederum vor diesem Bereiche, an den etwas weiter fortentwickelten Gängen, sitzen viele Adenomeren und kleinste Zweiglein, welche offenbar durch adventive Knospung vor kurzem entstanden und nun schon etwas weiter entwickelt sind. Da ich diese Angelegenheit sehr ausführlich besprochen und durch zahlreiche Abbildungen belegt habe (1921, S. 89 ff.), so genügt hier eine summarische Darstellung.

Die adventiven Knospen gehen nach meiner Meinung aus je einer Zelle hervor, denn man findet in den Epithelien vielfach kleinste Anlagekomplexe, welche gelegentlich nur aus drei bis vier Zellen bestehen und doch schon durch besondere Intercellularräume von der Umgebung in deutlicher Weise abgeschieden werden. Der Entwicklungsprozeß war also in solchen Fällen schon eine Zeitlang im Gange, und hieraus kann man dann folgern, daß die kleinen Zellgruppen sich aus der Teilung einer einzigen Gangzelle ableiten. Im weiteren gewinnen diese Gruppen an Zellenzahl und nehmen sich dann etwa so aus wie kleine Geschmacksknospen; später heben sie sich deutlicher aus dem Epithel der Gänge heraus und gehen in eine Form über, wie sie unsere Abb. 19 zeigt. Die Zellen der Knospe sind hier radial geordnet, und es ist auch schon ein kleines Lumen vorhanden, welches mit dem des Mutterganges in Zusammenhang steht. Weiterhin hebt sich die Knospe noch stärker von dem Gange ab und erscheint dann in der Form eines kleinen Epithelbläschens, dessen Lumen ohne Ausnahme durch ein feinstes Kanälchen mit dem des Mutterganges in Verbindung steht (Abb. 20 bei 1). Die

Bläschen dieser Art sind nichts anderes als die fertig gebildeten Adenomeren meiner Terminologie. Sie wachsen oft zu erheblicher Größe heran und verändern später ihre Gestalt, indem ihr basaler Abschnitt sich in der Richtung gegen den Muttergang hin in die Länge streckt (Abb. 20 bei 2). Dieser verschmälerte Teil ist nichts anderes als die

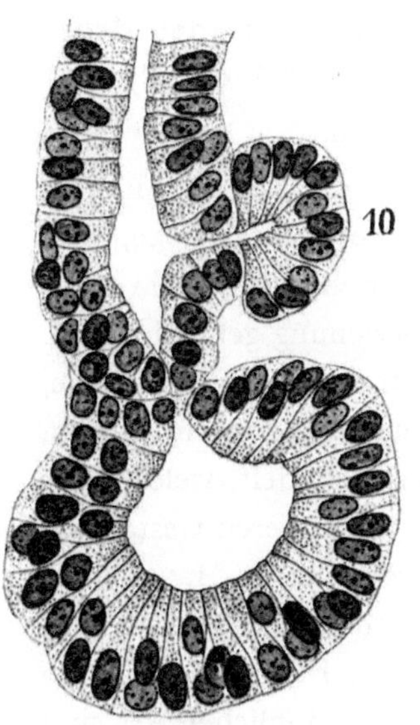

Abb. 19. Katze. Stenosche Drüse, frühes Stadium. Vergr. 575. Ende eines Ganges mit großer Adenomere bei *Ad*. Bei 10 eine Knospe mit Fächerstellung der Zellen, welche ein deutliches Lumen besitzt.

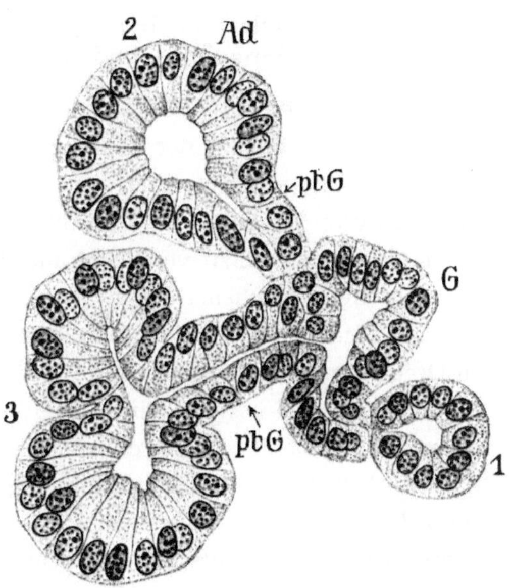

Abb. 20. Katze, Stenosche Drüse, frühes Stadium. Vergr. 575. Bei *G* Querschnitt eines größeren Drüsenganges. Bei 1 jugendliche Adenomere in Form eines Epithelbläschens. Bei 2 größere Adenomere mit der Anlage des präterminalen Ganges bei *ptG*. Bei 3 Rekonstruktion der Scheitelknospe, welche in Teilung begriffen ist, und präterminaler Gang bei *ptG*.

Anlage des präterminalen Ganges, während der rundliche Endabschnitt die in Bildung begriffene Scheitelknospe darstellt. Beide Teile begrenzen sich etwas später gegeneinander durch eine deutliche Furche, der präterminale Gang wächst in die Länge, und die endständige Scheitelknospe tritt in die Teilung ein (Abb. 20 bei 3).

Das Wesentliche des Vorganges ist also darin zu finden, daß bei Gelegenheit der adventiven Knospung zunächst die Adenomere aus

einer einzelnen Gangzelle in Form eines Epithelbläschens wieder hervorgebildet wird, daß in zweiter Linie diese genau so wie bei der embryonalen
Submaxillaris aus ihrer Basis den Drüsengang letzter Ordnung entwickelt, während der Rest des Bläschens sich als Scheitelknospe re-
konstruiert.

D. Parallelen zwischen den äquipotentiellen Systemen des Echinidenkeimes und der Speicheldrüsen.

a) Vergleichung der Formen.

Meine Grundauffassung der lebendigen Formen der Natur ist in dem
Vorstehenden klargelegt worden. So wie ich die Sache ansehe, hilft
die Betrachtung der äußeren Gestaltungen nicht viel, wenn sie nicht
mit dem lebendigen Inhalt verglichen und in Beziehung gebracht wird.
Wir wollen keine »Schematologie«, sondern eine wahre Morphologie,
welche anerkennt, daß es sich in den lebendigen Naturkörpern, in allen
ihren Organen und Teilen um genetische Systeme handelt, welche eine
gewisse innere Form besitzen, die wiederum in der äußeren Gestaltung
zum Ausdruck gelangt. Wenn ein tüchtiger Architekt ein Haus bauen
läßt, so wird dessen äußere Gestaltung der Ausdruck des Systems sein,
insofern die Ansicht von außen der Verteilung der Räume im Inneren
und ihrer Verwendung entsprechend sein wird. In ähnlicher Art sind
die Histosysteme meiner Theorie die unmittelbaren Träger der Formen,
in ihrer Eigenschaft als synthetische Verbindungen von Zellen und eventuell weiteren Strukturteilen der intercellularen Gruppe. Demgemäß
ist bei mir die Vorstellung, daß eine »Summe« von Zellen irgendwie
Träger einer spezifischen Form sein könne, ausgeschlossen.

Durch Synthese von Formwerten niederer Ordnungen werden in der
Entwicklung neue Formwerte geschaffen, welche durch einen »wahrhaft
schöpferischen Akt der Natur« in Erscheinung treten. Wir bleiben aber
in Rücksicht auf die Methode der Forschung einstweilen bei der alten
»mechanistischen« Auffassung. Plasma und Kern sind organisierte
Materie und repräsentieren die Causa materialis in der Entwicklung.
An dieser Materie haften die Kräfte, durch deren Wirksamkeit gewisse
Veränderungen in den Systemen erzeugt werden, welche identisch sind
mit dem Entwicklungsprozesse. Somit erscheinen die Kräfte als Causae

efficientes. Es wird vielleicht möglich sein, letztere analytisch in Einzel-ursachen auseinanderzulegen; dann kämen wir vielleicht dazu, die Embryodynamik als ein Kapitel der Reizphysiologie zu behandeln. Man muß sich aber dessen bewußt bleiben, daß die Auseinanderlegung in Einzelursachen eben nur ein Effekt der analytischen Methode sein wird, und es ist meine Meinung, daß die Methode nicht mit der Sache ver-wechselt werden darf. Tatsächlich sind die in der Entwicklung wirk-samen Kräfte in ihrer Synchronie und Metachronie eine gegebene To-talität von Zuständen und Veränderungen.

Beim Seeigel konnte es vielleicht auf den ersten Anblick hin zweifel-haft sein, ob der Komplex der Furchungszellen seiner äußeren Gestalt nach einer Totalität entspricht. Dies ist meine Auffassung, welche auch durch die objektiven Feststellungen Boveris über die Polarität des Gesamtkeimes bestätigt wird. Auf jeden Fall mußte aber die Blastula als ein frei lebendes Geschöpf, als eine solche Totalität an-erkannt werden; ich erinnere hier wiederum an die Analogie mit der Blastula des Hydroidpolypen *Oceania*, deren Personalität vollkommen feststeht, da in diesem Falle das Geschöpf sich durch Teilung fort-pflanzt.

Jedesfalls sind nun die Speicheldrüsen ganz bestimmt geformt; System und Gestalt, innere und äußere Form, fallen hier in eins zu-sammen, denn sie verhalten sich nach meinem Vergleiche ähnlich wie ein Polypenstock (Adenomeren, S. 129ff.), wobei die Adenomeren den Einzelindividuen oder Hydranthen, die verzweigten Drüsengänge dem Caulom vergleichbar sind. Bei den Hydroidpolypen entstehen zwar die Einzeltiere durch Knospung, also nicht unmittelbar durch Teilung von Mutterindividuen; aber bei den Korallenpolypen ist die vielfach vor-kommende mäandrische Verzweigung des Polypariums durch unvoll-kommene Teilung nicht vollständig voneinander abgesetzter Individuen entstanden zu denken, und hier haben wir die offenbare Analogie zu den von mir beschriebenen Vorgängen der Polymerisierung der Adeno-meren, welche die Bildung zusammengesetzter Teilsysteme oberer Ord-nung zur Folge haben (Adenomeren, S. 52ff. und 106ff.). Die Speichel-drüsen sind ferner, um einen Ausdruck Drieschs zu gebrauchen, »offene Formen«, deren Wachstum im Prinzip unbegrenzt ist, wie wir dies auch bei den Pflanzen sehen, eine Feststellung, welche mehr als theoretischen Wert besitzt, da selbst unter den Wirbeltieren Arten vorkommen, welche ein Wachstum durch mehrere Jahrhunderte hindurch besitzen.

b) Die Äquipotenz der Zellen bei den Speicheldrüsen.

Nach meinen Befunden sind die Zellen der Speicheldrüsen im Sinne Drieschs als äquipotent zu bezeichnen, und zwar erstreckt sich die Identität ihres Vermögens auf zwei Funktionen, nämlich a) auf die Entwicklung der Formen und b) auf die histophysiologische Differenzierung. Die in Frage kommenden Tatsachen liegen klar zutage und bedürfen an dieser Stelle nur noch einer abermaligen kurzen Zusammenfassung (Adenomeren, S. 105 ff., 135 ff., 151 ff.).

Ad a) Bei der embryonalen Submaxillaris und bei der Stenoschen Drüse enthalten die Adenomeren potentia eine unbegrenzte Anzahl von Scheitelknospen und Stengelgliedern; somit muß ihr begrenztes Zellenmaterial in sich vollständig äquipotent in bezug auf die Formbildung sein. Diese Äquipotenz kommt in doppelter Weise zum Vorschein. Erstlich gliedert sich nach jeder Spaltung der Adenomere an ihrer Basis ein neues Stengelglied ab, ein Vorgang, den man als Sprossung bezeichnen kann, und zweitens hat sich gezeigt, daß die der Adenomere entstammende Gangzelle auf dem Wege der adventiven Knospung das Gangsystem der Drüse samt den Adenomeren aus sich heraus zu reproduzieren vermag. Die einzelne Gangzelle ist demgemäß auch totipotent in bezug auf das Teilsystem, dem sie angehört: sie besitzt Systempotenz, womit selbstverständlich die latente universelle Totipotenz zur Bildung des ganzen Geschöpfes in diesem Gedankengange nicht gemeint ist. Man kann diesem Sachverhalt den weiteren Ausdruck geben, daß die embryonale Speicheldrüsenzelle in demselben Sinne ein Geschöpf ihres Systems ist wie die Blastomere, da beide das System, dessen unmittelbarer Teil sie sind, aus sich heraus zu wiederholen vermögen.

Ad b) Im Ausgange der Entwicklung verwandeln sich die Zellen der Adenomeren durch histophysiologische Differenzierung in Drüsenzellen, ein Vorgang, welcher entwicklungsphysiologischer Natur ist und ein besonderes Wechselverhältnis von Kern und Protoplasma innerhalb der Zelle zur Voraussetzung hat. Aber auch die Gangzellen können sich in Drüsenzellen verwandeln, eine Tatsache, die sich bei mehreren Objekten nachweisen läßt. So habe ich bei der Stenoschen Drüse in selteneren Fällen innerhalb der Gänge einzelne Drüsenzellen gefunden, welche durch die Speicherung der Granula und deren charakteristische Färbbarkeit in blauem Tone gegenüber dem Rot der indifferenten Gangzellen leicht zur Ansicht kamen. Ferner fand ich bei den kleinen dorsalen Nasendrüschen der Katze eine weitgehende Umwandlung der Gangzellen in Drüsenzellen, so daß die entwicklungsgeschichtlich begründete Unterscheidung zwischen Adenomeren und Gängen erschwert wurde. Ebenso findet man bei den Schleimdrüschen der Radix linguae des Menschen eine sehr vollständige Metamorphose der Zellen der Adenomeren ebenso wie der Gänge in Schleimzellen. Weiterhin weise ich an dieser Stelle erneut darauf hin, daß die Gangzelle im Prinzip die Fähigkeit besitzt, das gesamte System der Drüse in Form eines verästigten Seitenzweiges zu wiederholen, womit implizite gesagt ist, daß unter ihren Abkömmlingen Drüsenzellen sich befinden werden. Schließlich haben wir auf den späten Stadien der Stenoschen Drüse bei Gelegenheit der Teilung der Acini beobachtet, daß diejenigen Drüsenzellen, welche in den Grund der Trennungsfalte zu liegen kommen (vgl. oben S. 50f.), sich in Gangzellen rückwärts verwandeln, d. h. die histophysiologische Struktur des Zellenleibes, welche Träger der spezifischen Funktion ist, wird abgebaut und die Zelle auf einen physiologisch indifferenten Stand zurückgeführt.

Wir gelangen also zu dem Schlusse, daß die Zellen der Adenomere und der Gänge auch in bezug auf die histophysiologische Differenzierung vollständig äquipotent sind, wobei je nach Lage und Umständen die Verwandlung in jedem Sinne, rückwärts und vorwärts, stattfinden kann. Wir haben mithin ungefähr das nämliche Verhältnis wie beim Larvenektoderm von *Asterias*: schneidet man ein Stück in beliebiger Lage herunter, so entwickelt sich die einzelne Zelle entweder zu einem indifferenten Elemente der Körperbedeckungen des Pluteus oder zu einer Flimmerzelle der Wimperschnur, also auch hier die doppelte Potenz in bezug auf die Ausbildung der einzelnen Zelle.

E. Zur Kritik der äquipotentiellen Systeme.

Eine Kritik der äquipotentiellen Systeme wird im wesentlichen zusammenfallen mit einer Kritik des Begriffes der Potenz. Nun muß ich gestehen, daß mir der Begriff der Potenz etwas notleidend erscheint, jedoch kann ich mich in dem gegenwärtigen Zusammenhange nur vorläufig über den Gegenstand äußern und werde, wenn wir unseren Gesichtskreis abermals erweitert haben, am Schlusse dieser Arbeit noch einmal darauf zurückkommen.

Der Begriff der Potenz in naturwissenschaftlichem Sinne fällt meiner Meinung nach zusammen mit der allgemeinen Vorstellung einer »historischen Reaktionsbasis«. Wo sitzt nun eigentlich die Potenz? Wenn Morgan eine *Planaria* zerstückelt, so entwickelt sich aus jedem Teile wiederum die Totalität des Geschöpfes. Kann man nun annehmen, daß das entwicklungsgeschichtliche Vermögen zur Bildung der Totalität etwa vorzustellen ist wie ein »virtueller« Embryo, der in dem unverletzten Tiere eine bestimmte Lagerung hat? Wir glauben, daß dies in keiner Weise möglich ist, denn anderenfalls müßten in dem Muttertiere, von welchem ausgegangen wurde, unendlich viele virtuelle Embryonen vorhanden sein, welche noch dazu in den verschiedensten Lagerungen sich gegenseitig decken. Tatsachen dieser Art waren bei Driesch die Grundlage für die Ableitung des ersten Beweises der Autonomie des Lebens. Ich schlage nun das folgende Gedankenexperiment vor, welches aus den Erfahrungen von Driesch dem Sinne nach abgeleitet ist.

Wir entnehmen dem Seeigelkeim auf dem 16-Zellenstadium in verschiedenen Fällen 1, 2, 3, 4, 5 Zellen usf.; immer wird sich der Rest in der Richtung der Totalität des Geschöpfes entwickeln, und ebenso wird dies auch der Fall sein bei den Zellen oder Zellkomplexen, welche entfernt wurden, wenn wir voraussetzten, daß ihre Lebens- und Wirkungsfähigkeit keinerlei Störung erlitt. Hierbei soll nicht die Frage davon sein, auf welchem Stadium die Entwicklung des verkleinerten Ganzen zum Stillstande kommt, denn dies hängt von Nebenumständen ab, welche für den Kern des Problems nicht von Belang sind. Aus Erscheinungen der gedachten Art, welche in genügender Weise durch die Versuche Drieschs versinnbildlicht werden, ziehe ich, wovon im übrigen schon oben gesprochen wurde, den Schluß, daß die Potenz ein latentes Vermögen ist, welches nicht etwa in der Art eines verkleinerten Abbildes in den Zellen enthalten ist und auch nicht deren Zahl in irgendeiner Weise entspricht. Vielmehr scheint mir die Potenz enthalten zu sein in einer lebendigen Masse, welche Artcharakter besitzt und sich in Kern und Plasma gliedert, wobei die Zellenzahl keine Rolle spielt.

Im Verhältnis zu dieser latenten Potenz bezeichne ich als Valenz das in lebendiger Auswirkung begriffene Spiel der Kräfte, welches in der Totalität des Keimes enthalten ist. Zerlege ich den Keim durch Entnahme von Zellen, so bleibt die allgemeine Potenz in den getrennten Teilen bestehen, da es auf die absolute Größe der kernhaltigen Plasmamasse in Rücksicht auf die Entwicklung, wie die Versuche zeigen, nicht ankommt. Aber auch die Valenz, das wirksame Zusammenspiel von Kern und Plasma, stellt sich in dem verkleinerten System wieder her, und, wenn überhaupt eine Entwicklung eintritt, so nimmt sie wiederum den Ablauf in der Richtung des Ganzen. Hierbei bleibt zunächst unverständlich, warum in den getrennten Teilen die Valenzen der Totalität des unverletzten Keimes auftreten, ein Problem, welches in dem nächsten Hauptteile dieser Arbeit der Lösung nähergebracht werden soll.

Aus der obigen Darlegung ist zu entnehmen, daß man nach meiner Auffassung sehr wohl von äquipotenten Zellen reden kann; nur darf man nicht annehmen, daß die Potenzen immaterialisierte Systeme von bestimmter Art und von bestimmter Begrenzung sind, welche topographisch mit den Zellen zusammenfallen und der Zahl nach ihnen entsprechen. Man muß bei der Frage nach den genetischen Potenzen und den korrelativen Beziehungen, durch welche die ersteren realisiert werden, vor allem auch an die acellulären Objekte unter den Pflanzen, wie z. B. an die berühmte *Caulerpa* unter den Schlauchalgen, denken, welche Stengel, Würzelchen und Blätter bildet, alles ohne zellige Gliederung.

Ein anderer Sachverhalt, über welchen schon weiter oben verhandelt wurde und der in dem vorliegenden Zusammenhange einer abermaligen Erwähnung wert ist, ist in dem Umstande enthalten, daß die Zellen äquipotentieller Systeme nicht histologisch von gleicher Beschaffenheit zu sein brauchen und in den meisten Fällen es auch nicht sein werden. Vollkommene Identität unter Naturgegenständen dürfte ohnehin ausgeschlossen sein. Zweifellos sind die Blastomeren des Seeigelkeimes (Mikro-, Makro- und Mesomeren) unter sich verschieden, und Ähnliches dürfte auch für das Zellenmaterial der Blastula zutreffend sein. Hier nun bei den Speicheldrüsen, insbesondere bei der Stenoschen Drüse der Spätzeit, haben wir die gleiche Erscheinung; denn die Drüsenzellen und die Gangzellen, obwohl sie in bezug auf ihr entwicklungsgeschichtliches Vermögen als äquipotent gelten müssen, sind in unseren Präparaten rücksichtlich der Größe, der Struktur und der mikrochemischen Reaktion in außerordentlichem Grade voneinander verschieden.

F. Die Funktion der Lage.

Der Begriff der »Position« oder der »Lage im Ganzen« tritt bei Driesch, soweit mir bekannt, zum ersten Male in seiner Schrift über »Die Lokalisation der morphogenetischen Vorgänge« (1899, S. 67/68) auf. Der Begriff der »Lage« soll sich danach auf die »durch Richtungen gekennzeichnete Organisation des betrachteten Objektes« beziehen. In diesem Sinne hat der Autor schon 1897 (S. 82, 85 ff.) fiktiv eine polarbilaterale Struktur des Eibaues angenommen, welche in der besonderen Orientierung der kleinsten Eiteilchen bestehen soll. Da nun, so sagt Driesch, bei dem nachgewiesenen Ausschluß äußerer Ursachen und angesichts der prospektiven Gleichheit der Eiteile nicht eingesehen werden kann, wie in dem Keim überhaupt ein örtlich lokalisiertes Geschehen eingeleitet werden könnte, so kann auf eine derartige Richtungsorganisation, welche das Ganze des Keimes betrifft, nicht verzichtet werden; sie muß auch im Experimentalfalle regulierbar sein, und die ersten in dem Keime auftretenden Differenzierungen müssen von einer solchen Organisation abhängig gedacht werden (1899, S. 43). Es besitzen somit die Keime der frühen Stadien beim Seeigel »ein insubstanziiertes Koordinatensystem«; sie besitzen aber trotz dessen nach seiner Meinung »keine aus differenten, typischen Mannigfaltigkeiten aufgebaute Struktur« (1899, S. 45). Nach dieser Darstellung sollte man eigentlich glauben, daß die fiktive Annahme einer bestimmten Richtungsorganisation des Keimes nichts anderes bedeute als die Anerkennung einer in der Totalität des Keimes gelegenen Struktur, an welcher die einzelnen Zellen einen bestimmten, immer wieder verschiedenen Anteil haben, so daß die bestrittene typische Mannigfaltigkeit unter Zellen vorhanden sein muß, von welcher her eine mechanistische Auffassung des Entwicklungsvorganges ableitbar sein könnte. Aber Driesch entschließt sich anders. Er hat die mechanistische Anschauung bereits verlassen. Die äquipotentiellen Systeme stellen Fälle vor, wo die Lokalisation des ontogenetischen Geschehens durch die uns bekannten formativen Reizarten nicht verständlich zu machen ist. Demgegenüber bedeutet es wenig, daß man sich die Lokalisation nach kausaler Art vorstellig machen kann, z. B. indem man Fernkräfte substituiert, die von dem einen Endpunkte der Achse des Keimes auf eine gewisse Distanz hin wirken usf. (S. 178). Denn die Entwicklungsvorgänge sind zweckmäßig gerichtet auf die Totalität des Endganzen, und der nicht eliminierbare vitalistische Faktor liegt in der Potenz der Elemente, womit wir bei der Entelechie angelangt sind. Der Mechanismus der Natur affiziert die Entelechie, und diese wirkt wiederum auf jenen Mechanismus zurück. Die Funktion der Lage ist demgemäß ohne die Wirksamkeit des entelechialen Faktors nicht denkbar.

Ich bin auf die »Funktion der Lage« bei den Untersuchungen über die Entwickelung der Speicheldrüsen in gleicher Weise gestoßen wie Driesch beim Echinidenkeime, und zwar offenbart sich dies Geschehen in einer doppelten Weise, nämlich 1. in bezug auf die Entwicklung der Formen und 2. in bezug auf die histophysiologische Differenzierung. Ad 1. haben wir beobachtet: die Einfaltung der Mutteradenomere in ihrer Symmetrieebene und die Absetzung des präterminalen Ganges an ihrer Basis. Ad 2. stellten wir ebenso fest: erstens das Zusammenfallen der sekretorischen Funktion mit den Adenomeren, zweitens die Rückverwandlung der Drüsenzellen in indifferente Gangzellen bei Gelegenheit der Adenomerenteilung entsprechend der Symmetrieebene der Teilungsfigur, und drittens, was bisher noch nicht erwähnt wurde, bei der Submaxillaris das konstante Auftreten der ersten Schleimzellen am Anfangsteil der Gänge, direkt unterhalb der Basis der Adenomeren.

Was den Begriff der »Funktion der Lage« anlangt, so ist er m. E. geometrischer Natur; denn die Lage muß auf die Ausmessungen des ganzen Objektes in bestimmter Weise bezogen werden. Dieser Begriff ist für Driesch von besonderer Bedeutung, weil nach seiner Auffassung korrelative Wechselwirkungen von Teil zu Teil nicht bestehen. Der Autor hat sich vielmehr ausdrücklich dahin geäußert, daß die Entwicklung in getrennten Reihen verläuft (S. 99), eine Vorstellung, die mit dem Inhalt der sog. Mosaiktheorie von Roux zusammenfällt. Aber Roux hatte von Anfang an der »Selbstdifferenzierung« nur eine beschränkte Bedeutung beigelegt. und er ist sowohl vor wie nach seiner Arbeit über die Selbstdifferenzierung der vier ersten Furchungszellen beim Froschei im allgemeinen für das Vorhandensein korrelativer Wechselwirkungen im Entwicklungsgeschehen eingetreten. Anders liegt die Sache bei Driesch, denn bei diesem Autor ist es ein grundlegender Charakterzug der Entwicklung, daß sie in getrennten Reihen verläuft. Demnach haben wir bei ihm lediglich eine besondere Korrespondenz im Zweckverlauf der Entwicklung verschiedener Teile, deren harmonische Zusammenarbeit durch Entelechie erklärt wird.

Bei mechanistischer Denkart kann die »Funktion der Lage« in symbolischer Auffassung als eine »Energie der Lage« begriffen werden. Hebe ich einen Stein vom Erdboden auf, so leiste ich eine bestimmte Arbeit, welche in dem Stein gewissermaßen verschwindet und in diesem als potentielle Energie, als eine Energie der Lage enthalten ist. Lasse ich den Stein fallen, so setzt sich seine potentielle Energie in kinetische Energie um, und wenn der Stein den Erdboden wieder erreicht, so könnte er mit der ihm innewohnenden lebendigen Kraft den nämlichen Betrag an Arbeit wiederum leisten, den ich anwenden mußte, um ihn zu heben. Aber der Begriff der potentiellen Energie in dieser Fassung ist ein Hilfsbegriff der Physik, und der wahre Sachverhalt ist der, daß der Stein ein Teil unseres kosmischen Systemes ist, in welchem die Schwerkraft wirkt und diese muß berücksichtigt werden. Es ist also nur eine Redensart, wenn man angesichts der Lokalisation der Entwicklungsvorgänge von einer Funktion der Lage spricht; das wirklich bestehende Verhältnis gelangt besser zum Ausdruck, wenn man den in die Entwicklung eintretenden Teil als unter der Kräftewirkung des Systems stehend denkt, welches, wie ich schon erwähnte, nach meiner Auffassung »kosmischer« Natur ist. Immerhin kann der Begriff einer

Funktion der Lage bei der analytischen Ermittelung des Entwicklungsgeschehens Anwendung finden, wenn man über die im Systeme wirkenden Kräfte sich einstweilen nicht aussprechen will.

Was den Begriff der »Selbstdifferenzierung« anlangt, so darf er nicht mißverstanden werden. Denn alle lebendigen Teile leben und entwickeln sich selbst, insoferne die unmittelbaren Leistungen immer an dem Materiale haften, welches der Gegenstand der augenblicklichen Betrachtung ist (Satz von der Inhärenz, »Plasma und Zelle«, I, S. 56 ff.). Aber wenn auch jeder lebende Teil als solcher primär automatisch tätig ist, so empfängt er doch seine besonderen Bestimmungen und Regulationen durch das Kräftesystem, dem er angehört (ibidem, S. 58, Automatie und Regulation). Hat irgendein Teil seine entwicklungsgeschichtlichen Bestimmungen erfahren, so wohnt ihm ferner ein gewisses Trägheitsgesetz inne, ein Bestreben, sich in der gleichen Richtung fortzuentwickeln, eine Tatsache, die in Rouxs Versuchen am Froschei zuerst in die Erscheinung getreten ist. Aber es wird wohl allen Untersuchern auf diesem Felde inzwischen klar geworden sein, daß in dem letzteren Falle durch die massenhafte Einlagerung von Dottermaterial in den Zelleib die gesamte Struktur eine festere Ausprägung erfahren hat, welche nicht unmittelbar sofort nach einem experimentellen Eingriffe umgestellt werden kann.

Im Falle der Speicheldrüsen muß die »Energie der Lage« als eine Systemfunktion erklärt werden, und zwar kommen als Handhaben der Beurteilung eine ganze Reihe von Tatsachen in Betracht. Erstlich haben wir eine bestimmte äußere Gestaltung des Drüsenbäumchens, in welcher die Organisation des Systemes sich manifestiert; zu dieser gehört eine gewisse »Polarität« der Struktur, ähnlich wie bei den Pflanzen und Pflanzentieren, welche aus dem Spitzenwachstum hervorgeht und an dem Bäumchen im ganzen ebenso wie an der Adenomere im einzelnen morphologisch wegen der Möglichkeit der Orientierung in den Richtungen basal- und apikalwärts kenntlich wird. Die Teilung der Adenomere selbst ist ferner als eine »symmetrische« Funktion zu bezeichnen, wie sie im Prinzipe bei allen eigentlich so zu nennenden Teilungen geweblicher Systeme zutage tritt (Teilungen der Chromosomen, Kerne, Zellen, Drüsenröhren, Darmzotten usw., ferner Längsteilung von Hydroidpolypen, Actinien usw.). Haben wir eine derartige Funktion vor uns, so bewährt sie sich durch die Besonderheit der Leistung als eine typische Systemfunktion, weil nämlich in jedem Falle der gegebene materielle Komplex durch die symmetrische Organisation der Kräfte in zwei gleiche Teile zerlegbar ist. Die besondere Energie der Lage der Trennungszellen oder auch der Basis der Adenomere erscheint daher unter anderem Gesichtspunkte als eine von dem übergeordneten Systeme abhängige Differenzierung.

Nach meiner Auffassung entspricht ferner der Beginn der Verschleimung der Gänge in der Submaxillaris unmittelbar unterhalb der Adenomere und ihr systematisches Fortschreiten in der Richtung basalwärts dem gleichsinnigen Ablaufe einer durch das System hindurch sich bewegenden Erregungswelle, welche die histophysiologische Differenzierung der Zellen je nach dem Grade ihrer Ansprechbarkeit zur Auslösung bringt (Adenomeren, S. 154 ff.).

Damit sind wir nun auf dem Punkte angelangt, wo es sich um die Theorie der Kräfte handeln wird, welche in der Entwicklung tätig sind und die harmonische Korrelation der Teile hervorbringen. Diese Kräfte werde ich in dem folgenden zweiten Hauptteile dieser Arbeit zum ersten Male genauer kennzeichnen und ihr Wesen wenigtens im allgemeinen umschreiben. Diese Ableitungen werden, wie ich hoffe, in den Händen der beteiligten Untersucher ein neues Hilfsmittel sein, um der Theorie der Formen näherzukommen und das Verhältnis des Teils zum Ganzen besser einzusehen, als dies bisher möglich war. Im Rahmen meiner Gesamttheorie des tierischen Körpers bedeuten ferner diese neuen Ableitungen eine physiologische Ergänzung zu den zahlreichen Daten morphologischer Art, welche mir die Handhabung des Mikroskopes bereits geliefert hat.

II. Hauptteil: Die Beziehung zwischen den Formen und den Kräften in der lebendigen Natur.

G. Einleitung: Mosaikarbeit und korrelative Entwicklung.

Wie wir oben gesehen haben, ist bei Driesch die Entwicklung in den wesentlichen Grundzügen eine solche in getrennten Reihen, also eine Selbstdifferenzierung oder Mosaikarbeit der die Entwicklung vollziehenden Teile, ganz im Sinne der ursprünglichen Ansicht von Roux, nach welcher die vier ersten Furchungszellen des Froscheies voneinander unabhängig sein sollten. Rouxs Behauptung bezog sich aber nur auf die Bildung der Froschgastrula aus vier selbständig gastrulierenden Stücken und auf deren nächste Weiterbildung, wobei Wechselwirkungen innerhalb jeder der vier Zellenstämme von vornherein zugegeben wurden, welche deren weitere Differenzierung bewirken. Zuletzt hat Roux gelegentlich einer Besprechung der Versuchsreihen O. Schultzes eine Lebenswirkung der einen Eihälfte auf die andere zugelassen. Weiterhin hat derselbe Autor das Vorkommen zahlreicher Vorgänge der Korrelation in der Entwicklung keineswegs übersehen, sondern immer anerkannt. Beschäftigt man sich eingehender mit den Arbeiten Rouxs, so hat man als Leser den Eindruck, daß die Feststellung einer Mosaikarbeit der ersten vier Furchungszellen eigentlich aus den allgemeinen Gedankengängen des Autors über das »Wirken« herausfällt (denn alles Wirken geschieht nach ihm durch Wechselwirken) und daß der Autor bei seiner Schlußfolge dem unmittelbaren Eindruck seiner hervorragenden Entdeckung der Entstehung von Teilembryonen nach Ausschaltung einzelner Blastomeren erklärlicher Weise nachgegeben hat. Driesch hat jedoch das Moment der »Selbstdifferenzierung« aus Rouxs Schriften übernommen und daraus in einseitiger Weise eine besondere Theorie der Entwicklung abgeleitet, welche von der allgemeinen Verbreitung korrelativer Wirkungen Abstand nimmt und als vermittelnden Faktor die Entelechie einsetzt. Ich meinerseits nehme an, daß der Embryo in allen seinen Teilen jederzeit unter der Wirkung korrelativer Wechselbeziehungen steht, und es wird die besondere Aufgabe des vorliegenden Abschnittes sein, diese Annahme im einzelnen zu begründen.

Der Begriff der Korrelation war bisher einigermaßen unbestimmter, gewiß sehr allgemeiner Natur. Er bedeutet ursächliche Wechselbeziehhungen in der Entwicklung der Teile, eventuell auch Wechselbeziehungen zwischen den Teilen und der Totalität des Geschöpfes, mit der Wirkung der Entstehung gesetzmäßiger Gestaltungen. Hierbei will ich die Frage, inwieweit die korrelativen Wirkungen zusammenfallen mit den formbildenden Kräften, einstweilen nicht näher erörtern, wobei ich jedoch als selbstverständlich annehme, daß sie zu der Formbildung in einer sehr nahen Beziehung stehen. Jedenfalls müssen wir von einer strengen Unterscheidung zwischen formbildenden und korrelativen Kräften bis auf weiteres Abstand nehmen, weil wir, wie Winkler mit Recht bemerkt, einen unmittelbaren Einblick in den Mechanismus der Formgestaltung letzten Endes nicht besitzen. Jedenfalls aber wird durch die Korrelation der Teile die gesetzmäßige Ausgestaltung des wachsenden Geschöpfes, sein formaler Typus, sowohl im Gröberen wie im Feineren, in weitgehendem Maße mitbestimmt; und es ergibt sich hier die Grundfrage, wie es möglich ist, daß in der Entwicklung eine Unsumme korrelativer Wirkungen nebeneinander verlaufen und durcheinander wirken, ohne daß Zentren bemerkbar werden, welche die Leitung des verwickelten Apparates unter irgendeiner Form besorgen. Wenn man von der Betriebsphysiologie herkommt und auf die Entwicklungsphysiologie übergeht, wird man gut tun, sich umzustellen und anzuerkennen, daß die Leistungen der einzelnen Teile während der Entwicklung sich bestimmen nicht aus der Tätigkeit besonderer zentraler Apparate, sondern aus der Totalität des lebendigen Körpers oder der ihm untergeordneten Histosysteme. Jedesfalls sind die Wirkungen des Nervensystems auch in den späteren Stadien der Entwicklung bei Tieren von untergeordnetem Range, soweit es die grundlegenden Prinzipien betrifft. Wie es mit letzteren beschaffen ist, ersehen wir deutlich aus dem Vergleiche mit dem Pflanzenreiche, wo komplizierte Formbildungen gänzlich ohne Nervensystem zustande kommen.

Ein weiteres Problem, welches wir weiter unten in ausführlicher Weise behandeln werden, ist in der Frage enthalten, ob Korrelationen, d. h. physiologische Wechselwirkungen innerhalb der Gewebe, welche sich auf den formalen Bestand des Körpers beziehen, auch beim erwachsenen Geschöpfe fortbestehen. Wollte man dies abläugnen, so wären die Formen des Körpers gleichsam tot, einem Hause vergleichbar, welches, einmal hergestellt, lediglich ein toter Rahmen für einen lebendigen Betrieb ist. Einer solchen Anschauung, welche in der »Bausteintheorie« inbegriffen ist, könnte ich mich nicht anbequemen. Ich muß meine Auffassung, daß genetische Korrelationen dauernd während des ganzen Lebens fortbestehen, daß also die Formen nicht tot, sondern lebendig sind, für sehr wesentlich ansehen, denn diese

Anschauung ist identisch mit der Anerkennung einer besonderen ent-
wicklungsphysiologischen Ve*r*fassung oder Konstitution unseres
Körpers, welche dauernd durch lebendige Kräfte unterhalten wird; diese
Anschauung ist ferner das physiologische Korrelat zu der Theorie der
Histosysteme, welche, wie oben erwähnt, eine »kosmische« Auffassung
des lebenden Körpers in sich einschließt.

Wie aus Vorstehendem ersichtlich ist, muß der Begriff der Korrelationen physiologisch verstanden werden. Die in Frage stehenden
Kräftewirkungen beherrschen, wie oben schon angedeutet wurde, aller
Wahrscheinlichkeit nach die Formbildung nicht direkt, weil letztere
unmittelbar von den lebenden Teilen selbst vollzogen wird; vielmehr
besorgen die Korrelationen das gesetzmäßige Ineinandergreifen der Entwicklungsprozesse, also die Regulationen. Hier kann man in erster
Linie als Beispiel erwähnen, daß die genaue Ausgestaltung aller Verhältnisse der Symmetrie, der Antimerie und der Metamerie, wie sie
massenhaft bei Tieren und Pflanzen am Ganzen und den Teilen vorkommen, eine Sache der Korrelationen ist. Hierher gehört auch die
synchrone Veränderung oder Pari-passu-Entwicklung der Teile,
ohne welche eine gesetzmäßige Gestaltung nicht denkbar ist. In dieser
Beziehung scheint mir eine Einzelbeobachtung von Roux sehr wertvoll
zu sein, welcher angibt (1888, S. 437), daß beim Froschei gegen das Ende
der Laichperiode oft Unterschiede in der Geschwindigkeit der Entwicklung der beiden seitlichen Körperhälften vorkommen, welche somit
den Vorteil darbieten, »daß man zweierlei Entwicklungsstufen an demselben Objekt zu beobachten Gelegenheit hat«. Eben diese Verschieden-
heiten werden aber oft im weiteren Verlaufe wieder ausgeglichen. Hier
haben wir deutlich das Bild einer zeitlichen Störung der Korrelationen
und ihrer Regulation auf dem Wege der Selbststeuerung.

Es sind selbstverständlich viele einzelne Beispiele korrelativer Wirkungen bekannt geworden, von denen ich einige zur Vervollständigung
unseres Gesamtbildes in Rückerinnerung bringe, wobei ich darauf zu
achten bitte, daß diese Art von Wirkungen oft über große Entfernungen hin bemerkbar wird.

Von großem Werte sind zunächst viele Beobachtungen der Botaniker,
weil bei der Pflanze das Fortschreiten der in Rede stehenden Kräfte

von Ort zu Ort innerhalb der Kontinuität der lebendigen Substanz leichter bemerkbar wird als beim Tier. So finden wir bei Winkler zahlreiche Beispiele dafür, daß bei Wegnahme eines Pflanzenteiles sich andere kompensatorisch vergrößern. Derartige quantitative Beziehungen bestehen auch zwischen Sproß- und Wurzelsystem; »wird eine Pflanze mit einer anderen aufgepfropft, deren Laubwerk erheblich stärker ist als ihr eigenes, so kann eine Entwicklung des Wurzelsystems über das normale Maß hinaus induziert werden«. Auch qualitative Veränderungen kommen auf dem Wege der Korrelation vor; es lassen sich durch Entgipfelung nicht nur Seitenzweige in Haupttriebe verwandeln (z. B. bei der Tanne), sondern »bei Pflanzen, bei denen es verschiedene Sproß-kategorien gibt, gelingt es fast immer, durch geeignete Beseitigung gewisser Sproßformen andere in ihrer Gestaltung so zu modifizieren, daß sie abweichend von der Ausbildungsweise, die sie bei ungestörtem Verlaufe der Entwicklung haben würden, die beseitigten Sproßformen ersetzen«. So können z. B. Dornen zu Laubtrieben werden, Laubtriebe zu Ausläufern, Rhizomen, Knollen usf.

Auch bei Tieren kommen korrelative Wirkungen über große Entfernungen hin zustande. Korschelt bespricht unter anderem die Regeneration von Scheren bei asymmetrisch gestalteten Krebsen: wird die große Schere auf der einen Seite entfernt, so entsteht an ihrer Stelle nur eine kleine, während auf der Gegenseite die kleine Schere zu der großen sich umgestaltet und die verloren gegangene ersetzt. Korschelt bringt diese Erscheinung in Parallele mit der kompensatorischen Hypertrophie der Drüsen bei Wirbeltieren, was mir nicht zulässig erscheint, da es sich im letzteren Falle um funktionelle Hypertrophie handelt; nur beim Hoden dürfte die Sache anders liegen. Allbekannt sind ferner die Beziehungen zwischen den Keimdrüsen und den sekundären Geschlechtscharakteren, z. B. mangelnde Ausbildung oder gänzliches Fehlen des Geweihes bei kastrierten Hirschen und anderen Cerviden.

Es ist nun die Frage, wodurch die korrelativen Beziehungen vermittelt werden. In systematischer Aufrechnung wird vielerlei und sehr verschiedenes, vielleicht nicht Zusammengehöriges erwähnt, z. B. Wirkungen 1. durch den Blutumlauf oder den Stoffwechsel, insbesondere durch Hormone; 2. durch das Nervensystem; 3. durch mechanische

Verhältnisse (z. B. innerhalb des Skelettsystemes); 4. durch unmittelbare Übertragung besonderer Erregungen von Zelle zu Zelle.

Diese an letzter Stelle genannte Fähigkeit der Überlieferung korrelativer Kräfte von Teil zu Teil scheint mir das wichtigste zu sein, denn sie ist eine primäre unveräußerliche Eigenschaft cellulärer Systeme und läßt sich, wie weiter unten gezeigt werden wird, leicht nachweisen bei einfachen Lebensformen, bei denen Blutumlauf, Nervensystem, Stoffwechselfunktionen und selbst mechanische Bedingungen keine oder nur eine unerhebliche Rolle spielen. Diese von einem lebenden Teil auf den anderen direkt übertragbaren Erregungen sind ferner identisch mit den von mir sog. histodynamischen Wirkungen, welche nach meiner Ansicht die physiologische Grundlage aller eigentlich so zu nennenden geweblichen Systeme bilden.

H. Ableitung und nähere Kennzeichnung der korrelativen Wirkungen innerhalb der Zellen.

a) Die Kern-Plasmaregel oder die Regel der konstanten Proportionen.

Die korrelativen Wirkungen, welche sich innerhalb der geweblichen Systeme verbreiten, entstammen sicherlich dem Leibe der Zelle, denn der wachsende Keim, bei welchem diese Wirkungen bereits vorhanden sind, geht aus der Eizelle auf dem Wege der Furchung und Keimblattbildung hervor. Es handelt sich also bei der Zellenteilung nicht nur darum, daß die Kontinuität der lebendigen Materie erhalten und ihre Organisation auf die Nachkommen übertragen wird, sondern es wird implizite auch eine Kontinuität der Kräfte verwirklicht, welche an der Materie haften. Nun haben wir aber innerhalb des Zellenleibes besondere korrelative Wirkungen zwischen Kern und Plasma, welche in der bekannten Kern-Plasmaregel ihren Ausdruck finden, und es erscheint bei näherer Betrachtung die Folgerung unvermeidlich, daß, wenn die Zelle durch eine Folge von Teilungen in ein gewebliches System übergeht, die ursprünglich binnenzellige Korrelation sich erweitert zu einer Korrelation unter den Zellen selbst. Ist es also möglich, eine Wirkungsgemeinschaft von Zellen als ein gewebliches System zu charakterisieren, so ist auch die

Herkunft und der dauernde Bestand der korrelativen Beziehungen, welche ein solches System beherrschen, verständlich, weil diese einerseits ontogenetisch cellulären Ursprunges sind, andererseits in den besonderen Wechselwirkungen zwischen dem Gesamtbestande an Kernen und Plasmasubstanz, die in dem System enthalten sind, ihre Grundlage haben.

Wir werden mithin unseren Ausgang von der Kern-Plasmarelation nehmen müssen. Diese habe ich ziemlich ausführlich bereits in der Schrift über die Noniusperioden (1919, S. 378 ff.) behandelt, und es ist hier daher nicht nötig, alle Einzelheiten zu wiederholen. Wir verstehen unter der Kern-Plasmarelation allgemein die Tatsache, daß bei den verschiedenen Zellenspezies ein konstantes Mengenverhältnis von Kern- und Zellsubstanz auftritt. Dies war mir auch schon bei meinen Untersuchungen über den Leukocyten aufgefallen (1894), und meine Bestrebungen gingen dahin, dieser Tatsache eine theoretische Deutung zu geben. Aber erst durch die experimentellen Untersuchungen Richard Hertwigs (1903) an Protozoen (*Actinosphaerium*, *Paramaecium*, *Dileptus*) haben wir erfahren, daß einer bestimmten Chromatinmenge eine bestimmte Plasmamenge in konstanter Weise zugeordnet ist. Richard Hertwig hat auch den Begriff der Kern-Plasmarelation zuerst gebildet und das in ihr zum Ausdruck gelangende Verhältnis in einer sehr bestimmten Weise als eine Korrelation zwischen Kern- und Plasmamasse bezeichnet. Er läßt die Protozoen hungern und beobachtet, daß zunächst die Plasmamasse abnimmt; aber der Kern folgt nach, indem überschüssiges Chromatin in den Zelleib austritt und eine Zersetzung in bräunliche Körnchen erfährt, welche schließlich ausgestoßen werden. Bei Überernährung der Tiere wächst ferner zunächst der Kern in unverhältnismäßigem Grade, erleidet aber später eine Verminderung analog der vorhin beschriebenen mit teilweiser Rückbildung des Chromatins unter Ausstoßung der degenerierenden Teile. Diese Erscheinungen finden zum Teil in riesigem Umfange statt, da z. B. bei *Actinosphaerium*, wenn es dauernd im Hungerzustande unterhalten wird, von Hunderten von Kernen in extremen Fällen nur 1—2 in intaktem Zustande zurückbleiben.

Etwas später hat Boveri durch seine Untersuchungen am Echinidenkeime gezeigt (1905), daß die Chromatinmenge, welche ein Kern bei den Metazoen enthält, durch die Chromosomenzahl symbolisch charakterisiert werden kann; tritt die Eizelle mit dem halben, doppelten, vierfachen Chromosomensatz in die Entwicklung ein, so findet man später in der Larve wegen der strengen Gültigkeit der Hertwigschen Regel die entsprechenden Kern- und Zellgrößen. Auf diese übrigens glänzenden experimentellen Untersuchungen Boveris werden wir weiter unten noch zurückkommen.

Ich habe den Satz von der Kern-Plasmarelation oder das Proportionalitätsgesetz als eine der allgemeinsten Grundwahrheiten in den organischen Naturwissenschaften hingestellt (Noniusfelder, S. 379 ff.) und auf seine fast axiomatische Bedeutung hingewiesen. Soll irgendeine Zelle auf dem Wege der Teilung Nachkommen gleicher Speziesbeschaffenheit liefern, so muß das gegebene Verhältnis von Kern und Plasma konstant bleiben, weil im anderen Falle die Abkömmlinge in einem wesentlichen Punkte nicht mit der Konstitution des mütterlichen Organismus übereinstimmen würden und damit die Erhaltung der Art unter Einzelligen ebenso wie der gesetzmäßige Aufbau der geweblichen Formationen höherer Geschöpfe in Frage gestellt wäre (vgl. die Ausführungen S. 379 in der Arbeit über die Noniusfelder). Ich habe daher unbedenklich von einem Gesetz der konstanten Proportionen im Lebendigen gesprochen, und wir dürfen nun unter Hinweis auf die bei den verschiedensten Objekten bereits vorliegenden in sich übereinstimmenden Erfahrungen unsere Ableitung der korrelativen Beziehungen unter den Zellen selbst in einfachster Weise gestalten. Um ein Hilfsmittel der Anschauung zu haben, denke man beispielsweise an das Darmepithel, bei welchem von verhältnismäßig wenigen ursprünglich gegebenen Zellen her im Laufe der Entwicklung Millionen und aber Millionen gleicher Abkömmlinge entstehen.

Gehen wir von einer einzelnen Zelle aus, so ist die Kern-Plasmaregel ausdrückbar durch den Quotienten $\frac{MK}{MP}$ = Masse des Kernes durch Masse des Plasmas. Teilt sich die Zelle, so werden die Tochterindividuen in der Regel zunächst kleiner erscheinen; bald darauf jedoch wachsen sie und erreichen die Körperbeschaffenheit der Mutter. Die Gesamtmasse der Kern- und Plasmasubstanz in der zweiten Generation ist also ausdrückbar durch den Quotienten $\dfrac{2\,MK}{2\,MP}$. In der dritten und vierten Generation kommen wir entsprechend zu den Formeln $\dfrac{4\,MK}{4\,MP}$, $\dfrac{8\,MK}{8\,MP}$ usf. Eben dies Verhalten, wenn wir es in solcher Weise versinnbildlichen, hat mich veranlaßt, von einem »Gesetz« der konstanten Proportionen zu sprechen, denn die gegebene Kern- und Zellsubstanz wird bei jedem Teilungsschritte verdoppelt, und das grundlegende Ergebnis ist, daß das Wachstum der Zelle mit und durch die Zellenteilung erfolgt, eine Tatsache, auf welche ich schon 1894 aufmerksam geworden war (vgl. »Neue Unters.« 1894 S. 624 ff.). Die Regel der konstanten Proportionen schließt also ein Gesetz des Wachstums der lebendigen Materie in sich ein.

Hier nun stellt sich das Problem, wie diese glatte Verdoppelung aller lebenden Teile der Zelle mechanisch verwirklicht wird, und es ergibt sich der zwingende Schluß, daß die Regel der konstanten Proportionen auf ein bestimmtes Verhältnis der Anzahl der kleinsten Lebenseinheiten oder Protomeren in Zelleib und Kern zurückgeht, welche sich bei Gelegenheit der Zellteilung verdoppeln (M. Heidenhain: 1919, S. 380). Weiterhin ist zu beachten, daß jede Zellenspezies, sofern nur ein Kern vorhanden ist, eine invariable Menge lebendiger Substanz enthält, wobei ich mich selbstverständlich hier nur auf die Gewebezellen der gewöhnlichen Art beziehe. Bei diesen muß mithin die Kern-Plasmarelation durch eine bestimmte Summe der Protomeren repräsentiert sein. Auf jeden Fall aber haben wir in der Relation ein zwingendes Argument für die Existenz der Protomeren, welche nach meiner Anschauung in dem Bereiche der Biologie den nämlichen Grad der Realität für sich beanspruchen dürfen wie die Moleküle und Atome in der Physik und Chemie. Es ist nicht nötig, hier näher auszuführen, daß ich diese reale Existenz der Protomeren im Laufe der Jahre auf mannigfache Weise und immer wieder auf neuen Wegen abgeleitet habe, ich werde aber auf diesen Gegenstand in einer späteren Veröffentlichung zurückkommen.

Hier mache ich die Zwischenbemerkung, daß die Relation Kern-Zelleib allerdings bei der nämlichen Zellspezies konstant ist; aber es bedarf nur eines oberflächlichen Vergleiches unter den Gewebezellen verschiedener Art, um zu der Einsicht zu gelangen, daß der Quotient bei Zellenstämmen von auffälliger Verschiedenheit einer spezifischen Variation unterliegt. Dies gilt z. B. für die glatte und die quergestreifte Muskelsubstanz im Verhältnis zu den Epithelzellen und Leukocyten, denn bei den Muskelsubstanzen überwiegt die Plasmamenge gegenüber den Kernen in außerordentlichem Grade. Die Relation kann also ganz offenbar im Laufe der Entwicklung innerhalb bestimmter Zellenstämme auf einen anderen Stand gebracht werden. Hierbei ergibt sich das einstweilen nicht auflösbare Problem, ob zwischen Kern und Protoplasma ein besonderes Valenzverhältnis besteht und ob dieses bei spezifischen Veränderungen der Relation selbst wiederum einem Wechsel in bestimmten Proportionen unterliegt. Die stark abweichenden Verhältnisse des tierischen Eies werden weiter unten bei Gelegenheit der Besprechung der Boverischen Experimentaluntersuchungen ihre nähere Berücksichtigung finden.

Unser vorläufiges Ergebnis wäre also 1., daß die Regel der konstanten Proportionen eine besondere Korrelation zwischen Kern- und Zellsubstanz bedeutet; 2. daß diese Korrelation unmittelbar bedingt ist durch ein bestimmtes Verhältnis der Zahl der kleinsten Lebenseinheiten in beiden Teilen; 3. daß diese Korrelation ein Gesetz des Wachstums in sich einschließt, weil die lebendige Materie der Zelle mit und durch die Zellenteilung auf die doppelte Menge gebracht wird.

Bei dem letzteren Punkte wollen wir noch einen Augenblick stehen bleiben. Wenn wir der Sache einen anderen Ausdruck geben, so können wir sagen, die Relation sei nichts anderes als die Wirkung eines Gesetzes, welches die Vermehrung der lebendigen Masse betrifft. Die Relation ist aber keine für sich bestehende Einzelheit; vielmehr hat sie ihre Grundlage in dem charakteristischen Aufbau des Teilkörpersystems der Zelle und stellt sich als eine Teilerscheinung in einem Komplex von Wirkungen vor, durch welche dieses System bis auf die Protomeren herab nach allen Richtungen hin beherrscht wird. Da wir in der Zelle ein in verschiedenen Ordnungen zusammengesetztes Teilkörpersystem haben (M. Heidenhain: 1911, S. 142), auf der einen Seite Kern, Chromosomen und Chromiolen, auf der anderen Seite Zelleib, Zentren und eventuell noch andere teilungsfähige Histomeren (Golgischer

Apparat usw.), so werden mit und durch die Zellenteilung, welche eine Funktion des Ganzen ist, alle diese Teilkörpersysteme verdoppelt, und, wenn wir jedes einzelne Histomer der Zelle durch die Menge der in ihm enthaltenen lebenden Substanz ausdrücken wollten, so müßte zwischen allen diesen Quantitäten nach allen Richtungen hin immer wieder eine konstante Relation auftreten, und es wäre dies auch nicht weiter wunderbar, weil alles, was in dem Zelleib organisiert ist, in letzter Linie aus den teilungsfähigen Protomeren besteht, welche bei Gelegenheit der Zellenteilung verdoppelt werden. Wir haben aber kein Mittel an der Hand, um beispielsweise die Relation zwischen der Masse der Chromiolen einerseits und der Centriolen andererseits näher zu bestimmen. Dagegen hat Boveri durch seine experimentellen Ermittelungen am Seeigelei gezeigt, daß sich das vorliegende Problem der Relation in einer erweiterten Form zur Darstellung bringen läßt, wenn man Chromosomenzahlen, Kerngrößen und Zellgrößen miteinander vergleicht; denn auf diese Weise gelangen wir wenigstens zur Aufstellung der Beziehung zwischen drei Gliedern des Teilkörpersystems der Zelle. Mehr war aber bisher nicht möglich.

Weiterhin folgt aus den bisherigen Ableitungen, daß Assimilation und Wachstum nicht identisch sind, denn Assimilation ist für sich allein betrachtet als ein biochemischer Prozeß zu bewerten, während Wachstum überall, also auch bei anscheinend strukturlosen Plasmamassen, auf »innerer Teilung«, nämlich auf Teilung der kleinsten Lebenseinheiten beruhen wird. Auf der anderen Seite wird aller Wahrscheinlichkeit nach das proportionale Wachstum ganzer Körperteile in irgendeiner Weise auf der gleichen Grundlage der Kern-Plasmarelation beruhen, oder es wird sich wenigstens eine indirekte Beziehung zwischen den Regeln des Seins und des Werdens auf beiden Seiten herstellen lassen.

Wegen des hohen didaktischen Wertes der Boverischen Untersuchungen am Seeigeleie lege ich hier zur Ergänzung der obigen Ausführungen einige der von Boveri erhaltenen Resultate vor, obwohl es sich bei dem tierischen Eie um besondere Verhältnisse handelt, deren ausführliche Besprechung sich in dem vorliegenden Gedankenzusammenhange erübrigt. Beim Ei überwiegt anfangs das Plasmavolumen der Zellsubstanz gegenüber dem Kern in außerordentlichem Grade, weil das Ei für den kommenden Embryo das Material liefern muß. Trotz dessen bewährt sich die Kern-Plasmaregel, wel durch die Abfolge der Teilungsschritte unter Vermehrung der Kerne die Relation allmählich auf den normalen Stand gebracht wird, wie dies auch Boveri des näheren ausgeführt hat.

Man kann nun beim unbefruchteten oder befruchteten Eie durch experimentelle Maßnahmen die in die Entwicklung eingehenden Chromosomenzahlen variieren und die tatsächlich entstehenden Kern- und Zellgrößen bei den Larven feststellen. Ein erstes Beispiel: Boveri zerschüttelt die unbefruchteten Eier (von *Echinus microtuberculatus*) und erhält eine große Anzahl teils kernloser, teils kernhaltiger Fragmente, welche in besonderen Kulturen isoliert und hinterdrein befruchtet werden. Auf diese Weise hatte er den kernlosen Fragmenten den einfachen, den kernhaltigen den doppelten Chromosomensatz mitgegeben[1]). Der junge Pluteus zeigte im ersteren Falle kleinere, im letzteren größere Kerne, und die kleinkernigen Larven enthielten annähernd doppelt so viele entsprechend kleinere Zellen als die großkernigen Larven. Oder: Beim Zerschütteln der befruchteten Eier ereignet es sich, daß das Spermozentrum sich zunächst nicht teilt, wohl aber eine einfache Asterfigur entwickelt, sog. Monasterstadium, während die Chromosomen trotz dessen der Spaltung unterliegen und insgesamt in einen einfachen ruhenden Kern übergehen. Tritt darauf das Ei in die erste Furchungsteilung ein, so enthält die Teilungsfigur, wie nicht anders zu erwarten war, die doppelt-normale Zahl der Chromosomen, also den vierfachen Satz. Aus solchen Versuchen wurden nun einige gute Jungplutei erhalten, und es zeigte sich bei dem Vergleiche mit dem normalen Objekte, daß die Kerne der »Monasterlarven« erheblich größer waren und daß die Zellenzahl annähernd auf die Hälfte gesunken war. Ähnliche Resultate ergab ein weiterer Versuch. Wenn Seeigeleier, die 24 Stunden lang in

---

[1]) *Echinus microtuberculatus* kommt nach Boveris Beobachtung in univalenter und in bivalenter Form vor, also ähnlich wie *Ascaris*. Der einfache Satz besteht bei der selteneren univalenten Form aus 9, bei der bivalenten aus 18 Chromosomen. Bei einer ersten Untersuchungsreihe hatte der Autor die univalente, bei einer späteren die bivalente Form vor sich.

nicht erneutem Seewasser gelegen hatten, mit Sperma befruchtet wurden, auf welches eine 0,05%ige Kalilauge so lange eingewirkt hatte, bis nur noch ein kleiner Teil der Spermatozoen Bewegung zeigte, so trat gelegentlich der Fall ein, daß der Spermakern zunächst nicht an der Entwicklung teilnahm, das Spermozentrum aber sich an den Eikern anlegte, worauf dann die Elemente des Eikerns allein in die erste Teilung eintraten, während der Spermakern in eine der beiden ersten Blastomeren verschleppt wurde. Der Spermakern kann dann mit dem Kern der betreffenden Blastomere verschmelzen mit dem selbstverständlichen Erfolge, daß aus einem derartigen »Furchungskerne« nunmehr Zellen mit dem normalen Chromosomensatz hervorgehen, während in den Abkömmlingen der anderen Zelle nur der halbe Satz zugegen ist. Boveri beobachtete eine Gastrula von *Strongylocentrotus*, welche aus einer derartigen »partiellen« Befruchtung hervorgegangen war. Sie war zur Hälfte kleinkernig, zur Hälfte großkernig, entsprechend der Festlegung der Symmetrieebene durch die erste Furchungsteilung des Eies. Auch hier war ganz offenbar die Zellenzahl auf der kleinkernigen Seite doppelt so groß wie auf der großkernigen.

Aus diesen und ähnlichen Versuchen ergaben sich sehr wichtige Schlußfolgerungen. Das Plasmavolumen des Eies wird während der Furchung und der folgenden Entwicklungsstadien auf die Zellenkerne verteilt. Enthalten diese in willkürlich gesetzten Fällen nur die halbe oder die doppelte Chromosomenzahl, so besitzen die Larven auf vergleichbaren Stadien wegen der Wirksamkeit der Kern-Plasmaregel die doppelte bzw. die Hälfte der im normalen Falle vorhandenen Zellenzahl und erscheinen entsprechend kleiner oder größer. Da der Autor eine univalente und eine bivalente Rasse von *Echinus* zur Verfügung hatte, so konnte er mit Recht sagen: Die Zellenzahl sonst gleicher, nur in der Chromosomenzahl verschiedener Larven steht im Verhältnis von $1 : 2 : 4 : 8$; die Zellgröße ist mithin der in den Kernen enthaltenen Chromosomenzahl direkt proportional, aber das Verhältnis der in dem Organismus vorhandenen Gesamtkernsubstanz zu der Gesamtplasmamenge ist in den unterschiedlichen vier Experimentalfällen konstant. Andererseits kann man meiner Meinung nach auch sagen: hier verwandelt sich die intracelluläre in eine intercelluläre Korrelation, weil es einen Unterschied in der Entwicklung ausmachen wird, ob eine Larve die einfache, doppelte, vierfache oder achtfache Zellenzahl enthält. Oder in genauerer Ausführung: Wenn ceteris paribus bei verschiedener Chromosomenzahl die Zellenzahl bis auf das Achtfache wächst, so müssen beim Aufbau der Wimperschnur, der Arme des Pluteus usf. auch achtmal mehr Zellen Verwendung finden; da nun die Larve in ihrer Totalität betrachtet immer den gleichen Aufbau aufweist, so bestimmt sich die Verwendung des gegebenen Zellenmaterials in jedem einzelnen Falle aus den in der Totalität des Geschöpfes dauernd bestehenden Korrelationen, welche lediglich aus der Eizelle sich herleiten können.

Eine weitere Versuchsanordnung Boveris hat Resultate geliefert, welche über die bisher besprochenen hinausgehen und in direkter Weise auf unbekannte aus der Kern-Plasmaregel sich ableitende Systemfunktionen hinweisen. Geht man nämlich von Fragmenteiern verschiedener Größe aus, welche durch Zerschüttelung erhalten werden können, und zählt die Zellen der Gastrula aus, so stellt sich heraus, daß ceteris paribus (also bei gleicher Chromosomenzahl) die vorhandene Zellenzahl der Ausgangsmenge des Eiprotoplasmas proportional ist. Dieser Befund ist nicht in einfacher Weise zu erklären. Hat man nämlich ein normales Ei mit halbem Chromosomensatz und findet später die Zellenzahl verdoppelt, so kann man die Erklärung abgeben, daß die Zahl der Teilungsschritte in der Geschlechterfolge der Zellen um einen vermehrt wurde; umgekehrt: hat man ein normales Ei mit doppeltem Chromosomensatz, so kann man annehmen, daß ein Teilungsschritt unterblieb, mit dem Effekte, daß die Zahl der Zellen auf die Hälfte herunterging. Wie stellt sich nun aber die Sache bei Fragmenteiern, wenn im Ausgange beispielsweise $\frac{2}{3}$, $\frac{3}{4}$, $\frac{4}{5}$ des normalen Eivolumens vorhanden war? Die Beobachtung lehrt, daß die Zellgröße sich nach dem vorhandenen Plasmabestande reguliert, aber die — übrigens billige — Erklärung durch Annahme einer typischen Vermehrung oder Verminderung der Teilungsschritte versagt. Denn die Kerne enthielten in den unter sich verglichenen Fällen die gleiche Chromosomenzahl, verschieden aber war die zu Gebote stehende Plasmamenge. Wenn nun die Zellenzahlen den Plasmamengen proportional sind und somit in den einzelnen Experimentalfällen ganz verschiedene Zellenzahlen resultieren, so kann eine rhythmische Folge der Teilungsschritte nicht vorhanden gewesen sein. Boveri hat die Erklärung des Sachverhaltes versucht; mir aber scheint, daß hier Regulationen bzw. Korrelationen vorliegen, welche im wesentlichen unbekannter Natur sind, sich aber jedenfalls aus der Kern-Plasmaregel herleiten. Ganz im allgemeinen kann man sich dahin ausdrücken, daß die Regulation von dem vorhandenen Plasmavolumen ausgeht; man kann sich das Ei etwa als eine einheitliche Plasmamasse vorstellen, in welcher eine gewisse Anzahl von Kernen durch Teilung erzeugt wird, so lange bis die bestimmte Relation zwischen dem Gesamtplasmavolumen und der gesamten Kernmenge hergestellt ist, entsprechend den Ergebnissen der vorher mitgeteilten Versuchsreihen. Aber dies wäre nur eine Umschreibung des Tatbestandes. Jedesfalls wird auch bei den Fragmenteiern die Relation auf einen bestimmten Stand gebracht, und wir können wie vorher sagen: die innerhalb der Zelle zwischen Kern und Zelleib bestehende Korrelation verwandelt sich hier in eine Korrelation unter den Zellen selbst.

Auf keinen Fall ist der Chromosomenzahl eine wesentliche Bedeutung für die Gestaltung des Individuums zuzusprechen, wie auch aus den letzten Versuchen von G. und P. Hertwig am Froschei hervorgeht und die Erfahrungen der Botaniker beweisen. Winkler teilt uns hierüber das Folgende mit. Gewöhnlich ist bei Pflanzen mit Generationswechsel der Gametophyt, welcher die Geschlechtsorgane hervorbringt, haploid, der Sporophyt diploid in den Kernen der Gewebezellen. Aber die Verschiedenheit der Chromosomenzahl hat keine wesentliche Bedeutung für die nachfolgende Entwicklung, denn es lassen sich bei verschiedenen Pflanzen experimentell Gametophyten mit diploider, Sporophyten mit haploider Chromosomenzahl herstellen, die sich in ihren morphologischen Eigenschaften, abgesehen von den Änderungen in den Größenverhältnissen der Zellen, nicht von normalen Gametophyten und Sporophyten unterscheiden.

Hiermit verlassen wir das Gebiet, auf welchem morphologische Beobachtungen im Vordergrunde standen, und wenden uns der Kennzeichnung der Kräfte zu, welche die Korrelationen innerhalb der Zellen selbst bedingen.

b) Ableitung der histodynamischen Wirkungen aus den Versuchen über Degeneration und Regeneration des Neurons. Kanon und Syntonie.

Es ist vollkommen klar, daß das Gesetz der konstanten Proportionen eine physiologische Grundlage haben muß, welche allerdings der Untersuchung schwer zugänglich ist; aber wir haben in dem Neuron ein Objekt, an welchem im Laufe von mehr als einem halben Jahrhundert zahlreiche systematische Untersuchungen experimenteller Art zustande gebracht worden sind, welche nach der Absicht der Autoren die Frage der Degeneration und Regeneration des Nerven nach Durchschneidung zum Gegenstande hatten, die aber, wie ich ausführlich dargelegt habe (Plasma und Zelle, II, S. 714, 801—818, 868—880), zugleich auch die Kern-Plasmarelation treffen, deren Gültigkeit für das Neuron nicht im geringsten angezweifelt werden kann, denn sie ist gleichsam untrennbar mit der Koexistenz von Kern und Plasma verbunden, und auf ihr beruht aller Wahrscheinlichkeit nach in letzter Linie alles proportionale Wachstum überhaupt. Im Sinne der hier vorliegenden Fragestellung bedeutet somit jede Nervendurchschneidung zugleich eine Amputation des Neurons, bei welcher von einer cellulären Einheit ein Stück des Plasmavolumens, nämlich der periphere Teil des Axons, abgetrennt wird, und wir können uns als Biologen geradezu glücklich preisen, daß wir in dem Neuron ein Objekt haben, bei welchem in einer ausgedehnten, mannigfach variierten Literatur die Folgen der von dem Experimentator willkürlich gesetzten Änderung des Verhältnisses von Kern- und Plasmasubstanz in der ausführlichsten Weise besprochen worden sind. Es ist mir auffallend gewesen, daß seit dem Jahre 1911, wo ich die Effekte der Nervendurchschneidung zum ersten Male unter dem Gesichtspunkte der Kern-Plasmaregel betrachtet und einige Wahrheiten von grundlegender Bedeutung abgeleitet zu haben glaube, von keiner Seite her ernstlich auf diesen Gegenstand eingegangen worden ist. Ich nehme also gerne die Gelegenheit wahr, an dieser Stelle in einem erweiterten Zusammenhange meine Ausführungen in anderer Form nochmals kurz zu rekapitulieren und die theoretischen Folgerungen so genau wie möglich zu präzisieren. In den Einzelheiten muß ich auf meine frühere

Abhandlung verweisen, welche in den Grundlagen sehr wesentlich auf die glänzenden experimentellen Reihen Ramón y Cajals zurückgeht.

Da es sich beim Neuron um die genauere Bestimmung des Wechselverhältnisses zwischen Kern und Plasma handeln wird, so halte ich es für notwendig, auf die Frage der physiologischen Besonderheit beider Teile einzugehen und die Verschiedenheit der Leistungen hier und dort wenigstens im allgemeinen zu umschreiben. Über diesen Gegenstand pflege ich mich in meinen Vorlesungen wie folgt zu äußern.

Der Zelleib ist im Gegensatz zum Kern der leicht veränderliche, schnell reagierende, täglichen und stündlichen Stoffwechselschwankungen, wechselnden Strukturveränderungen ausgesetzte Teil. Ferner ist der Zelleib ausschließlich der Träger der sogenannten funktionellen Strukturen, welche der Betriebsphysiologie dienen (Nerven-, Muskel-, Widerstandsfibrillen, Drüsengranula, Pigmentkörner, Chlorophyllkörper usw.). Demgegenüber verhält sich der Kern im allgemeinen ruhend, insofern er an den ökonomischen Funktionen des Körpers keinen direkten Anteil nimmt; er hat also mit der Bewegung, der Sekretion, Resorption usw. nichts zu tun. Im allgemeinen ist er als ein konstanter, konservativer Faktor der Zelle zu bewerten, welcher dafür sorgt, daß die Zelle bleibt, was sie ist, wenn der Plasmaleib stürmischen Stoffwechsel- und Strukturänderungen ausgesetzt ist. Dagegen kann nun gar keine Frage sein, daß der Kern eine sehr bedeutende Rolle in der Entwicklung und in der Regeneration spielt. Wir sehen dies sozusagen alle Tage, auch wenn wir von dem problematischen Kapitel der Vererbung gänzlich absehen. Wie von seiten der Botaniker nachgewiesen worden ist, ist ein kernloser Plasmateil, der durch Plasmolyse in schonender Weise von dem kernhaltigen Reste des Plasmakörpers abgetrennt wurde, auch wenn er sich wochenlang am Leben erhält, gänzlich unfähig des weiteren Wachstums, also unfähig der Vermehrung der kleinsten Lebenseinheiten durch Teilung, während der kernhaltige Teilabschnitt sich regeneriert und alle Eigenschaften einer vollkommenen Zelle beibehält. Hier zeigt sich das besondere Verhältnis des Kernes zur Regeneration und zur Entwicklung. Sein Einfluß geht auf die Erhaltung des Bestandes, auf die besondere Daseinsform und wahrscheinlich auch auf die

Erhaltung der typischen Eigengestalt der Zelle, wenn eine solche vorhanden ist (z. B. bei einzelligen Pflanzen und Tieren).

Beim Neuron nun haben wir eine Besonderheit, welche im höchsten
Grade auffällig ist; es besitzen nämlich die Zellen mit langem Axon
(Golgis I. Typ) eine beinahe unbegrenzte Fähigkeit der Auswachsung
und ebenso eine beinahe unbegrenzte Fähigkeit der Verzweigung. Sie
verlängern sich, solange das individuelle Wachstum andauert, proportional der Körpergröße und unterscheiden sich hierdurch von
den anderen Zellenarten. Also hat die Maus kleine, der Elefant große
Neuronen, während die Darmepithelzellen bei den beiden Geschöpfen
von wesentlich gleicher Größe sein werden. Da nun der auswachsende
Axon in sich selbst keine Kerne enthält, so bedeutet sein fortdauerndes
Längenwachstum für das Neuron in erster Linie eine riesige Zunahme
des Plasmavolumens. Ich habe schätzungsweise berechnet, daß ein
Axon von 1 m Länge ein Volumen haben wird, welches mehr als hundert-
mal so groß ist wie das der Ursprungszelle (Plasma u. Zelle, II, S. 869).
Unter diesen Umständen stellt sich sofort die Frage, auf welche Weise
beim Neuron die Kern-Plasmaregel aufrechterhalten wird. Daß der
Kern mit seinem geringen Volumen hierfür allein nicht genügt, dürfte
klar sein, zumal da der Kern der Nervenzelle auffallend chromatinarm
zu sein pflegt. Aber ihr Plasmaleib enthält nun in dem Tigroid einen
eigenartigen organisierten Körper, welcher die Eigenschaften eines Nucleoproteids bzw. Chromatins besitzt und somit augenscheinlicherweise
bestimmt ist, die Funktion des Zellenkernes physiologisch zu ergänzen.

Morphologisch präsentiert sich das Tigroid oder der Nisslsche
Körper unter dem Bilde gewisser Schollen, Brocken, Klümpchen usw.,
welche in die Interstitien der neurofibrillären Masse eingelagert sind
und ihrerseits wiederum als eine Zusammenscharung feinster spezifischer
Granula sich darstellen. Diese Elementarkörperchen könnte man in
ihrer Eigenschaft als kleinste Organellen der Zellen sehr wohl mit den
Chromiolen und Centriolen in eine Reihe setzen. Die mikrochemischen
Eigenschaften des Tigroids sind von Held und Scott recht genau
untersucht worden; die von diesen beiden Autoren mitgeteilten Reaktionen sind nach meiner Wahrnehmung die eines Nucleoproteids, also
einer Kernsubstanz, und zwar haben wir ausnahmslos alle Reaktionen,

die für eine solche Substanz charakteristisch sind: es fehlt deren keine. Da nun die färberischen Eigenschaften des Tigroids nach meinen eigenen ausgiebigen Untersuchungen zwischen denen des Oxychromatins und des Basichromatins stehen, so habe ich seinerzeit vorgeschlagen, diesen Körper, weil er sich in einer sehr bestimmten Weise als eine Kernsubstanz charakterisiert, weiterhin als Zytochromatin zu bezeichnen (Plasma u. Zelle, S. 870).

Diese histologischen, mikrochemischen und färberischen Resultate am Tigroid und seine Kennzeichnung als ein Zytochromatin finden ihre Bestätigung durch die Beobachtungen über die Art seines Vorkommens. Ramón y Cajal hat meines Wissens als erster darauf aufmerksam gemacht, daß die Menge des Zytochromatins der Längenausdehnung, d. h. also dem Plasmavolumen des Neurons parallel geht. Daher fehlt den kleinsten Formen der Nervenzellen, z. B. den Körnern der Kleinhirnrinde und den Bipolaren der Retina, das Zytochromatin. Hier genügt der Kern für sich allein, während andererseits die Ursprungszellen der langen motorischen Neuronen außerordentliche Mengen dieser Substanz speichern. Nehmen wir das Rückenmark als Beispiel, so finden wir wiederum je nach der Gegend beträchtliche Abstufungen im Chromatingehalt entsprechend der Länge der angeschlossenen Achsenfasern, so daß mithin folgerichtig die motorischen Vorderhornzellen in der Hals- und Lendenanschwellung vor allen Dingen den größten Gehalt an Zytochromatin aufweisen. Es ergibt also die histologische Untersuchung für sich allein bereits eine sehr deutliche Beziehung zwischen der Menge des Zytochromatins einerseits und dem Plasmavolumen des Neurons bzw. der Länge der Achsenfaser andererseits.

Noch deutlicher tritt diese Erscheinung hervor, wenn der periphere Nerv durchschnitten wird, weil in diesem Falle die in den Schollen und Klümpchen vereinigten Elementarkörperchen gleichsam pulverförmig auseinanderfallen und einer teilweisen Auflösung unterliegen (vgl. Plasma u. Zelle, S. 785 ff.). Wird also das Neuron auf eine andere, und zwar defekte Form gebracht, so reagiert das Zytochromatin unmittelbar sofort mit schweren Veränderungen, welche von einem Teile der Autoren schlechthin als degenerative Erscheinungen angesprochen worden sind; sie erinnern sehr an die Versuche von R. Hertwig an den

Infusorien, weil auch dort mit der Abnahme des Plasmavolumens eine degenerative Reduktion des Chromatins verbunden war. Es kann sich aber im Prinzip nicht allein um Degeneration und Schwund des Zytochromatins handeln, weil, wenn die Verletzung des Neurons nicht zu schwer war, parallel mit der Regeneration des Nerven auch eine Regeneration des Zytochromatins statthat (Plasma u. Zelle, S. 878f.), wodurch das Neuron im ganzen wiederum auf seinen früheren Stand gebracht wird. Ich kann mich nun an dieser Stelle nicht zu weit in Einzelheiten vertiefen, weil bei der Reaktion des Zytochromatins ganz offenbar mehrere Momente miteinander konkurrieren, welche einstweilen nicht auseinandergehalten werden können. In Betracht kommt, daß 1. aller Wahrscheinlichkeit nach anfänglich die Menge des Zytochromatins sich der Verkürzung des Plasmavolumens anzupassen strebt; daß 2. die Zelle tatsächlich erkrankt, wenn die Durchschneidungsstelle dem Zentrum näher gerückt wird und somit die experimentelle Entnahme des Plasmas zu weit getrieben wird; und daß 3. sehr bald ein Reparationsbestreben einsetzt, durch welches eventuell das Neuron in seiner früheren Form wiederhergestellt wird. Zu dem zweiten Punkte füge ich als Ergänzung hinzu, daß Verletzungen in der Peripherie des Neurons keinerlei merkliche Schädigung der Zelle zur Folge haben werden, während umgekehrt die vollständige Entwurzelung des Nerven den totalen Schwund der Ursprungszelle zur Folge hat.

Es ist nun allerseits bekannt, daß Waller (1852) wegen der sekundären Degeneration des Nerven nach Durchschneidung die Zelle selbst als ein »trophisches Zentrum« angesprochen hat. Allein hiermit gibt man dem vorliegenden Verhältnis einen falschen Ausdruck, denn wegen der Länge der Leitungsbahnen ist ein Stoffaustausch zwischen dem Kern bzw. dem Zellkörper und der ganzen Länge der Achsenfaser undenkbar. Vielmehr besitzen die Nerven überall eigene Gefäße und werden in loco ernährt. Trophische Beziehungen mögen sich in zweiter Linie, also indirekt, aus den Wechselwirkungen zwischen Zelleib und plasmatischer Leitungsbahn ergeben; das unmittelbare sind aber die zwischen beiden Teilen bestehenden Korrelationen, welche in der ganzen Länge des Neurons tätig sind und von mir als »histodynamische« Wirkungen bezeichnet wurden (Plasma u. Zelle, S. 810, 819).

Infolge der reichen experimentellen Ergebnisse am Neuron ist es nun möglich, dem Wesen dieser Kräfte näherzukommen, als dies bei anderen Objekten der Natur der Sache nach möglich ist. Versuchen wir den Sachverhalt übersichtlich zu ordnen, so ergibt sich im Zusammenhalt mit den vorstehend referierten Untersuchungen über die Kern-Plasmaregel folgendes:

Zwischen Zelleib und Chromatin besteht ein dynamisches Wechselverhältnis ähnlich wie auf einem Wagebalken: fügen wir auf der einen Seite etwas hinzu oder nehmen etwas hinweg, so wird auch die andere Seite mitgetroffen, und umgekehrt. Dies deutet auf einen dauernden Zustand der Wechselwirkung zwischen Kern und Protoplasma hin, welcher zum normalen Bestande des Lebens hinzugehört, also in der Konstitution oder der Verfassung der lebendigen Substanz enthalten ist. Amputieren wir das Neuron, so ergeben sich unmittelbar sofort stürmische Veränderungen der Ursprungszelle, welche so leicht kenntlich sind, daß ihre Lage innerhalb der Zentralorgane auf Grund derselben bestimmt werden kann. Man könnte nun auf den Gedanken kommen, daß in diesem Falle von der Durchschneidungsstelle angefangen eine Erregungswelle zentralwärts hinaufläuft und die Änderung bedingt. Aber ich bin nicht dieser Anschauung, denn die Erregung dauert fort Wochen und Monate hindurch, bis die Regeneration des Neurons vollendet ist. Es handelt sich also nicht schlechthin um die Auslösung einzelner Erregungen von der Durchschneidungsstelle aus, also nicht um ein Kapitel der Reizphysiologie in dem gewöhnlichen Verstande, sondern um die gewaltsame Abänderung einer in der Norm gegebenen dynamischen Konstitution des Neurons, welche die Aufrechterhaltung seines körperlichen Bestandes und eventuell seine Restitution nach Verletzungen zum Zwecke hat. Dieser dynamische Zustand kennzeichnet sich zunächst durch die ununterbrochene Aufrechtsrhaltung der Kern-Plasmaregel, welche hier beim Neuron in dem bestimmten Verhältnis zwischen der Menge des Zytochromatins und der Länge der Achsenfaser zum Ausdruck gelangt. Auf Grund dieses tätigen Zustandes reguliert das Neuron automatisch seine Längenausdehnung sowohl während der ganzen Periode des Größenwachstums wie auch später unter Umständen nach Verletzungen. Aber man kann noch einen Schritt in den Folgerungen weiter gehen.

Wenn wir sehen, daß einer bestimmten Menge Zytochromatins eine bestimmte Plasmamenge oder eine gewisse Länge der Achsenfaser jedesmal zugeordnet ist, ein Verhältnis, welches gewissermaßen unabänderlich ist, so geht doch wohl daraus hervor, daß das in Rede stehende Wechselverhältnis unmittelbar auf den Bestand, auf die Daseinsform des kernhaltigen Gebildes geht. Dies wird auch erwiesen durch die Erscheinungen der Restitution, bei welcher unter Mitbeteiligung des Zytochromatins nicht nur die ganze Länge des Neurons, sondern auch dessen typische Gestalt reproduziert wird. Es stehen mithin meiner Meinung nach die nämlichen korrelativen Kräfte, welche bei der Aufrechterhaltung der Kern-Plasmaregel beteiligt sind, auch mit den formbildenden Kräften in irgendeiner Weise in Zusammenhang. Da nun aus der ganzen Sachlage sich ergibt, daß es nicht Einzelprozesse sind, welche die Form des Neurons unterhalten, sondern vielmehr dauernde Zustände, welche je nach den gegebenen Umständen der Veränderung fähig sind, so ist es notwendig, diese Zustände mit einem bestimmten Namen zu bezeichnen und einen neuen Grundbegriff in die Entwicklungsphysiologie einzuführen, und zwar kommt, da wir die Kräfte, um die es sich handelt, im Grunde genommen nicht kennen, nur eine Bezeichnung allgemeiner Art in Frage. Wenn also die Nervenzelle und die Achsenfaser einer dauernden entwicklungsphysiologischen Korrelation unterliegen, so kann man auf diesen tätigen Zustand des Lebens vergleichsweise oder symbolisch den Begriff des Tonus anwenden, und da es sich im besonderen um den Zusammenklang der Wirkung zweier Bestandteile, des Kernes oder Chromatins und des Plasmas, handelt, so spreche ich in diesem Falle von **Syntonie** oder syntonischen Zuständen, und ich sehe das Wesentliche meiner Ausführungen darin, daß diese syntonischen Zustände in innigster Weise mit der Daseinsform, mit der Regel des körperlichen Seins, mit dem gesetzmäßigen Zustand der Formen verknüpft sind. Diese Regel des Seins oder die Daseinsform bezeichne ich als Ideokanon oder kurz als **Kanon** des betreffenden Gebildes. Dabei geht der Begriff des Kanons auf die Konstitution, diese als Form gedacht, der Begriff der Syntonie hingegen auf die Kräfte, welche dem Bestande der Formen dauernd zugrunde liegen.

»Kanon« heißt, aus dem Griechischen wörtlich übersetzt, eigentlich die »Richtschnur«; in übertragenem Sinne jedoch bedeutet das Wort im Kreise der griechischen Bildhauerschulen die überlieferte Regel der Proportionen des menschlichen Körpers. Der bekannte Doryphoros soll angeblich den Kanon der Schule des Polyklet zur Anschauung bringen. »Idea« ist die äußere Erscheinung oder die Gestalt. Das neu gebildete Wort entspricht somit in genauer Weise dem Inhalt, der ihm nach meinen Ausführungen untergelegt worden ist. Was ferner die Notwendigkeit der Aufstellung des Begriffes der Syntonie anlangt, so mögen noch die folgenden Überlegungen Beachtung finden. Da ohne den Kern, wie allgemein bekannt, Regeneration nicht möglich ist, so haben die Autoren angenommen, daß von dem Kerne Wirkungen auf das Zytoplasma ausgehen, die eventuell eine sehr erhebliche Reichweite besitzen. Diese Vorstellung ist jedoch einseitig und kann unmöglich zu Recht bestehen. Dies lernt man hier beim Neuron kennen; denn der Axon ist gewöhnlicherweise von sehr erheblicher Ausdehnung, und wie soll man sich nun die Wirkung des Kerns oder des Zytochromatins auf Entfernungen hin vorstellen, welche oft mehr als Meterlänge betragen werden, z. B. wenn bei großen Tieren der Nerv am peripheren Ende regeneriert? Und wenn man wirklich den Kern für sich allein als Spiritus rector der Regeneration ansehen will, wie soll man sich zurechtlegen können, daß während der ganzen Phase der Regeneration, welche unter Umständen viele Monate lang andauert, die Zelle mit ihrem Zytochromatin über den jeweiligen Stand der peripheren Regeneration unterrichtet ist? Man käme dazu, fortwährende Momentwirkungen des regenerierenden Abschnittes auf die Zelle und umgekehrt anzunehmen. Dies führt jedoch unmittelbar sofort zur Feststellung einer synchronen Erregung der Totalität des ganzen Neurons, und wir sind damit wiederum bei dem Zustande der Syntonie angelangt, also bei einer dauernden korrelativen Wechselbeziehung zwischen chromatischer Substanz und Zellplasma, deren Vorhandensein verständlich wird, wenn wir hinzunehmen, daß das Neuron aus einer kleinen einkernigen Zelle durch ein sehr langsames stetiges Längenwachstum hervorgeht.

c) Fortdauer der Syntonie bei mehrkernigen Zellen und plasmatischen Abkömmlingen der Zelle.

Es ergibt sich nun sogleich die Frage, wie sich die Regel der konstanten Proportionen und die ihr zugrunde liegenden Kräftewirkungen bei den sog. mehrkernigen Zellen gestalten. Diese Frage hat ihre Beantwortung bereits gefunden, da die ursprüngliche Untersuchung von Richard Hertwig sich fast ausschließlich auf mehrkernige Protozoen (*Actinosphaerium, Dileptus*) bezieht und die Regel der konstanten Proportionen von dem Verhalten dieser Geschöpfe bei Hunger und Überfütterung zum ersten Male abgeleitet worden ist. Man kann aus dem Fortbestand der Syntonie bei derartigen Objekten wiederum den Schluß ziehen, daß der Kern nicht als ein Zentrum zu betrachten ist, von welchem die in der Zelle wirksamen entwicklungsphysiologischen Erregungen ausgehen; man darf also nicht im Sinne von Julius Sachs urteilen, welcher annahm, daß der Kern eine Herrschaft auf das ihn umgebende Plasma ausübt und mit diesem zusammen eine bestimmte Kraftgröße, eine »Energide« repräsentiert, welche in vielkernigen Plasmamassen so oft enthalten ist, wie die Zahl der vorhandenen Kerne angibt. Vielmehr haben wir zwischen der Vielzahl der Kerne einerseits und der zugehörigen Plasmamasse andererseits lediglich jenes System syntonischer Wirkungen, welches seinen ersten und nächsten Ausdruck in der Regel der konstanten Proportionen findet.

Wiederum tritt bei den vielkernigen Infusorien auch die Beziehung zur Regeneration klar zutage; denn es regeneriert sich beispielsweise bei *Stentor*, wenn das Tier beliebig durch einen Quer- oder Schiefschnitt in Teilstücke zerlegt wird, jedes Fragment, welches kernhaltig ist.

Hierher gehören auch meine theoretischen Ausführungen über die Entwicklung der quergestreiften Muskelfaser (Noniusperioden, S. 376). Damals habe ich zu zeigen versucht, daß die Muskelfaser nicht schlechthin eine »mehrkernige« Zelle ist, sondern daß sie sich aus dem einkernigen Myoblasten auf Grund der Regel der konstanten Proportionen entwickelt. Der Zahl der Kerne, mögen es auch schließlich viele Tausende sein, sind auf jedem Stadium der Entwicklung proportionale Plasmamengen zugeordnet; mithin wird im Verhältnis zur einkernigen

Zelle der 2-, 3-, 4kernige Myoblast als ein Zwilling, Drilling, Vierling usf. und schließlich die fertige Muskelfaser als ein höheres Polymer des Myoblasten zu beurteilen sein (vgl. a. a. O.).

J. Die syntonischen oder korrelativen Wirkungen innerhalb der geweblichen Systeme.

a) Fortdauer der syntonischen Zustände in zusammengesetzten geweblichen Systemen. Nähere Ausführungen zum Begriffe der Syntonie.

Wir sind also dessen gewiß, daß die Syntonie zwischen Kern und Plasma in den mehrkernigen Gebilden unverändert in gleicher Weise fortbesteht. Wir gehen nun noch einen Schritt weiter und behaupten, daß die Korrelation unter Zellen und damit auch die genetische Einheit der Histosysteme höherer Ordnung in der Grundlage auf der gleichen Basis beruht. Es ist hier zu überlegen, daß wir an dieser Stelle vor den äußersten Prinzipien der Biologie, vor den letzten Ursachen der Formen, in welchen lebendige Körper existent sind, stehen; und unter diesem Gesichtspunkt betrachtet, kann es keinen Unterschied machen, ob wir einen mehrkernigen Plasmakörper oder eine Vielzahl von Zellen, welche durch Intercellularbrücken unter sich verbunden zu sein pflegen, vor uns haben.

Die Zerlegung des Materiales in Zellen hat allerdings eine sehr große biologische Bedeutung. Auf ihr beruht vor allen Dingen die Möglichkeit einer reicheren Formgestaltung, bei Tieren z. B. die Entwicklung der Hohlorgane, welche beim wachsenden Keime in der Gastrulation zum ersten Male in typischer Weise realisiert wird. Weiterhin bedeutet die Zellengrenze nach meinen sehr bestimmten Wahrnehmungen eine unterwertige Schwelle für die Fortschreitung und Begrenzung von Erregungszuständen in der Entwicklungs- und Betriebsphysiologie, so daß mithin auch die einzelne Zelle unter Umständen sich spezialisieren kann. Nicht zu vergessen schließlich die Tatsache, daß pathologische Schädlichkeiten durch die Zellengrenze auf ein bestimmtes Lokal eingeschränkt werden können.

Andererseits muß festgestellt werden, daß die Intercellularbrücken die positive Bedeutung haben, der Erregungsleitung zu dienen. Dies ist eine in der Botanik seit langem wohlbekannte Tatsache, denn die Plasmabrücken existieren von der Gattung *Volvox* angefangen durch das ganze Pflanzenreich hindurch, und die Fortpflanzung der Erregungen auf diesem Wege wurde experimentell auf mannigfache Art geprüft (z. B. bei *Elodea, Mimosa* usw.). Ebenso existieren die Intercellularbrücken auch bei den Tieren in den meisten Geweben, z. B. innerhalb der Epithelien und Endothelien, überall zwischen den Knochen- und vielfach auch zwischen den Bindegewebszellen, bei denen sie unter anderem auch durch die intravitale Methylenblaumethode zum Vorschein gebracht wurden. Sie dienen hier wie überall der Fortpflanzung von Erregungen, wofür das Flimmerepithel ein klassisches Beispiel ist. Aber, wie sich weiter unten noch zeigen wird, ist die Existenz der Intercellularbrücken für die physiologische Synthese nicht einmal unumgänglich notwendig, da in der Natur ebensowohl wie im Experimente der sekundäre Zusammenschluß ehemals getrennter Zellen zu wirksamen Systemen oberer Ordnung in vielfachen Fällen beobachtet worden ist.

Wir sind also der Meinung, daß die Syntonie cellulärer Gewebe aus dem Wechselverhältnis zwischen Kern und Protoplasma hervorgeht und trotz der Zellenteilung in der Totalität des sich durchfurchenden Keimes oder der geweblichen Systeme bestehen bleibt. Da nun die Syntonie sich in erster Linie kennzeichnet durch die Regel der konstanten Proportionen, stellt sich wie von selbst die Frage, ob diese in günstigen Fällen bei in sich abgeschlossenen geweblichen Systemen nachweisbar ist. Und hier haben wir die positiven Resultate von Boveri, über welche oben referiert wurde (S. 76 ff.). Boveri hat gezeigt, daß beim Seeigelei, wo ein bestimmtes Plasmavolumen durch Zellenteilung zerlegt wird, die resultierenden Zellenzahlen umgekehrt proportional sind den Chromosomenzahlen der Kerne. Also zieht Boveri den Schluß: das Verhältnis der in dem Organismus vorhandenen Gesamtkernmenge ist sonach unter den verschiedenen von uns betrachteten Fällen konstant, worauf wir unsererseits hinzufügten: hier verwandelt sich die Korrelation innerhalb der Zelle in eine·Korrelation unter den Zellen selbst, denn die allgemeinen Bauverhältnisse müssen abgeändert und korrelativ reguliert werden, wenn in dem einen Falle nur die Hälfte, in dem anderen

Falle die doppelte oder gar die vierfache Anzahl der Zellen zur Verwendung gelangen wie im normalen Falle.

Dies wird noch deutlicher bei Boveris Versuchen mit den Fragmenteiern verschiedener Größe bei konstanter Chromosomenzahl, weil hier das wechselnde Ausgangsvolumen der Plasmamasse und seine Relation zu der Gesamtmenge des Chromatins schlechthin maßgeblich ist für die Zahl der Zellen, welche bis zu dem Momente gebildet werden, wo die Kern-Plasmaregel innerhalb der einzelnen Zelle auf den normalen Stand gebracht worden ist. Hier können wir also mit Recht folgern: die Kern-Plasmarelation geht mit und durch die Zellenteilung über in eine Korrelation unter den Zellen selbst, oder: der syntonische Zustand innerhalb der Zelle ist seiner Art nach von gleicher Beschaffenheit wie der syntonische Zustand der Gewebe, durch welchen deren genetische Konstitution oder Verfassung und ebenso die dynamische Einheit der Teilkörpersysteme bedingt wird.

Um dem in Frage stehenden Begriffe der genetischen Verfassung noch etwas näherzukommen, knüpfe ich wiederholentlich an einen schon weiter oben dargelegten Gedankengang an. Gewöhnlich wird ein fertig gebildeter Körper, wenn von der gesamten Betriebsphysiologie abgesehen wird, entsprechend der »Bausteintheorie« einem Gebäude, einer Architektur, verglichen. Ein Gebäude ist jedoch der Form nach tot; nur seine Einrichtungen dienen einem lebendigen Betriebe, welcher sich in dem Rahmen des Bauwerks abspielt. Träfen diese Voraussetzungen zu, so wären die fertigen Formen in gleichem Sinne »tot«. Meine Gesamtanschauung geht nun dahin, daß die Formen allenthalben lebendiger Natur sind und durch einen dauernden Vorgang (Prozeß) unterhalten werden. Hiermit ist jedoch nicht der Vorgang der Ernährung (Stoffwechsel usw.) gemeint, welcher zur Betriebsphysiologie gehört, sondern es handelt sich um die Physiologie der Formen (in einem etwas anderen Sinne als bei Driesch, wo dieser Begriff identisch ist mit dem Begriff der Entwicklungsphysiologie), und zwar wäre der Vorgang, welcher die Formen unterhält, als ein »Zustand« zu bezeichnen. Ein »Prozeß« geht nach der gewöhnlichen Vorstellungsweise von einem Anfangszustande aus, welcher sich genau charakterisieren läßt, dauert eine Zeitlang, und, nachdem er abgelaufen ist, hat er eine bestimmte Veränderung hervorgebracht, welche als Endzustand bezeichnet werden kann. Einen solchen Vorgang, welcher z. B. beim fallenden Steine zur Anschauung gelangt, meinen wir hier nicht. Der Vorgang, welcher die Formen dauernd unterhält, muß zuständlicher Art sein, also etwa symbolisch vergleichbar dem Zustande einer Gasmasse, welche bei konstantem Druck und konstanter Temperatur in einem geschlossenen Gefäße aufbewahrt wird. In dieser Gasmasse spielt sich eine Bewegung ab, welche von der kinetischen Gastheorie beschrieben wird und deren Effekt ein bestimmter Druck auf die Wandung des Gefäßes ist, hervorgerufen durch die Spannung des Gases. Und dieser Zustand würde sich in alle Ewigkeit nicht ändern, wenn Temperatur und Druck konstant blieben. In ähnlicher Weise setzen wir einen lebendigen Zustand voraus, welcher die fertigen Formen dauernd unterhält. Die Kräfte, welche hierbei in Frage kommen, sind die histodynamischen Wirkungen oder syntonischen Zustände, welche sich aus dem Wechselverhältnis von Kern und Plasma herleiten. Letztere garantieren die gesetzmäßige Verfassung oder Konstitution des Körpers, welche ich in morphologischer Richtung als Kanon, in physiologischer Richtung als Syntonie bezeichnet habe. Es wird sich weiter unten zeigen, daß diese Konstitution der Formen im Experimente glatt aufgehoben werden kann, so daß das gesamte System in eine »Summe« von Zellen zurückverwandelt wird.

Nunmehr ist notwendig, noch einige weitere Erläuterungen über den Zustand der Syntonie zu geben, um den Gegenstand anschaulicher zu machen. Die Syntonie wurde von uns symbolisch als ein Spannungszustand aufgefaßt, und ihr nächster Ausdruck ist, wie erinnerlich, die Regel der konstanten Proportionen. Letztere liegt ohne Zweifel auch der Formbildung mit zugrunde, weil durch ihre Vermittelung alle Formbildung an Maß und Zahl geknüpft wird. Bleiben wir im Bilde der »Spannung«, so läßt sich ferner sagen, daß besondere Erregungswellen, welche den Vorgang der Entwicklung begleiten, nicht anders vorstellbar sind als Veränderungen des Spannungszustandes, welche unter Umständen über weite Entfernungen hin sich geltend machen werden. Auf dem Fachkongreß zu München 1912 habe ich bereits darauf hingewiesen, daß derartige entwicklungsphysiologische Erregungswellen gelegentlich direkt nachweisbar sind, daß sie im Raume langsam fortschreitend von entsprechenden morphologischen Veränderungen begleitet sind und im Falle der Hemmungsbildung für unser Auge sich gleichsam körperlich fixieren. Am reinsten werden die syntonischen Zustände zur Geltung gelangen bei Geschöpfen ohne Blutbahn, ohne Nervensystem und ohne den besonderen Chemismus der inneren Sekretion. Also werden sich zur Untersuchung dieser Kräftewirkungen in besonderem Grade niedere Pflanzen und die in Entwicklung begriffenen Keime der Tiere eignen. In diesen unkomplizierten Fällen deckt sich gewissermaßen Syntonie und Kanon der Formen in einfacher Weise.

Welcher Art die Kräfte der Syntonie sind, läßt sich bis jetzt nicht annäherungsweise feststellen. Hier komme ich zurück auf die Vorstellung einer »kosmischen« Theorie des tierischen Körpers und meine, daß sie am ehesten symbolisch vergleichbar sind mit den Wirkungen der Gravitation, wobei das Zuständliche ihres Wesens als Tertium comparationis genommen wird. Gravitation ist immer da, wo Massen vorhanden sind; sie wirft keinen Schatten, sie hat keinen Anfang, sie hat kein Ende, sie vermittelt eine gegebene Beziehung zwischen den Himmelskörpern, welche in Formeln gefaßt werden kann. Dagegen ist Syntonie in der anorganischen Natur nicht vorhanden; sie ist vorstellbar als eine Naturkraft, welche aus der spezifischen Organisation der lebendigen Materie heraus sich entwickelt. Sie mag nach den Prinzipien der Physik der Beschreibung und in Zukunft in Formeln ausdrückbar sein. Aber das sind nur Äußerlichkeiten auf einem Gebiete, wo Anschauung alles, die formelhafte Abstraktion immer eine entbehrliche Zutat sein wird.

Was die Tatsache der Kontrollierbarkeit der syntonischen Kräfte am Objekte anlangt, so wird der Leser meiner Schriften wohl bemerkt haben, daß ich mich bisher in erster Linie mit den epithelialen Formationen befaßt habe, weil hier die Korrelationen unter Zellen am leichtesten bemerkbar werden, besonders in den Spaltungsvorgängen epithelialer Systeme, wie ich sie mehrfach beschrieben habe. Dagegen haben wir einstweilen keinen näheren Begriff von der Syntonie zwischen epithelialen und bindegewebigen Substanzen; daß eine solche vorhanden ist, steht allerdings außer Frage, da, wie ich gezeigt habe, der komplizierte, gemischte Apparat der Dünndarmzotten durch Spaltung fortpflanzbar ist. Hier möchte ich nun meiner Überzeugung in ganz bestimmter Weise dahin Ausdruck geben, daß die korrelativen Wirkungen auch die Intercellularsubstanzen durchschreiten. Ein Beispiel dafür sind die knorpeligen Organe. Wählen wir als Objekt der Anschauung eine bestimmt gestaltete Epiphyse, also etwa die Schulterkugel, so wird diese schon in verhältnismäßig frühen Zeiten der Fötalperiode ihre typische Gestalt besitzen. Die Knorpelmasse bildet also in meiner Redeweise ein bestimmt qualifiziertes Histosystem, dessen Verfassung in der Gestalt eines kugeligen Körpers äußerlich in die Erscheinung tritt. Dieses wächst nun weiterhin in allen Teilen und erhält dauernd seine typische Form, wobei nicht nur das appositionelle, sondern auch das interstitielle Wachstum eine erhebliche Rolle spielt. Nun schweben aber die Knorpelzellen in der umgebenden Intercellularsubstanz wie die Gestirne im Weltenraume. In welcher Weise soll also die Beziehung von Zelle zu Zelle, ihre entwicklungsphysiologische Kooperation, vermittelt werden, wenn nicht durch Kräftewirkungen, welche durch die Intercellularsubstanz hindurch sich verbreiten?

Schließlich bringen wir noch die folgenden Ergänzungen zu unseren vorstehenden Betrachtungen. Wir haben bisher in der vorliegenden und in den vorangegangenen Schriften ziemlich strenge unterschieden zwischen den Funktionen der Betriebsphysiologie (Roux) und der Entwicklungsphysiologie. Erstere gehören zu dem Haushalt des tierischen Körpers, zum Öcus, und man könnte sie daher treffend auch als »ökonomische« Funktionen bezeichnen. Letztere hingegen liegen der Entstehung und Unterhaltung des Bestandes der lebendigen Formen zugrunde, und wir werden sie späterhin kurzerhand als »genetische« Funktionen bezeichnen. Diese Unterscheidung nun ist wichtig und notwendig im Interesse unseres wissenschaftlichen Systems, aber es ist nahezu selbstverständlich, daß alle Vorgänge des Lebens in irgendeiner Weise in Zusammenhang stehen, indem sie sich gegenseitig bedingen. Es ist also beispielsweise selbstverständlich, daß Stoffwechsel und Ernährung eine notwendige Voraussetzung normaler Entwicklung sind; sehen wir aber von derartigen Erhaltungsfunktionen allgemeiner Natur ab, so zeigt sich im besonderen, daß durch Arbeit und Ruhe die Gleichgewichtslage der Formen beeinflußt wird (Roux). Bei vermehrter Arbeitsleistung haben wir eine aufsteigende Entwicklung, bei Inaktivität dagegen Involution und Rückbildung der Formen. Diese Tatsache hätte für sich allein zu der Schlußfolgerung Veranlassung geben können, daß auch die Gleichgewichtslage der Formen durch besondere physiologische Zustände in dem oben bezeichneten Sinne unterhalten wird.

Weiterhin erinnere ich daran, daß die cellulären Verbände, in welchen die syntonischen Zustände herrschend sind, nach meiner Theorie des tierischen Körpers sich in Histosysteme niederer und höherer Ordnung gliedern lassen, welche entwicklungsphysiologisch durch gewisse Gemeinschaftshandlungen oder Systemfunktionen charakterisiert sind. Zu diesen rechnete ich in erster Linie die Vorgänge der Teilung oder Fortpflanzung durch Spaltung, die spezifische Regeneration und jene geweblichen Differenzierungen, welche ungeachtet der Zellengrenzen durch die Systeme hindurch sich entwickeln. Von diesen drei Funktionen kann man sagen, daß sie ab origine die Zellen selbst betreffen, daß sie aber wiederkehrend auftreten in den geweblichen Systemen und auf der gleichen Basis beruhen, also auf den korrelativen Beziehungen zwischen Kern und Plasma oder den syntonischen Zuständen (vgl. Adenomeren, S. 166f.).

b) Experimentelle Beweise zur Theorie der syntonischen Zustände.

1. Experimentelle Aufhebung der Syntonie. Townsend, Miehe, Winkler, Driesch, Roux.

Wir haben im vorstehenden die Natur der korrelativen Kräfte, welche in den geweblichen Systemen wirksam sind, näher umschrieben und sie abgeleitet aus den korrelativen Beziehungen zwischen Kern und Plasma in der Zelle selbst. Zu diesen Ableitungen, welche, wie ich hoffe, gut begründet wurden, finden sich die vollgültigen Beweise in den experimentellen Arbeiten der Tier- und Pflanzenbiologen (Roux, Driesch, Wilson, Morgan, Spemann, Mangold, Townsend, Miehe, Winkler und andere). Dadurch schließt sich der Kreis der Betrachtungen, und das Gesamtbild rundet sich ab. Da die Verhältnisse im Pflanzenreiche einfacher liegen, beginnen wir mit den Arbeiten der Botaniker.

Townsend setzte die früheren Arbeiten von Klebs über Plasmolyse der Pflanzenzellen fort. Er untersuchte verschiedene Objekte (Algenfäden: *Spirogyra,* gewisse Wasserpflanzen: *Vallisneria, Elodea,* Pflanzenhaare: *Cucurbita*). Hatten die Zellen sich durch die Wirkung einer 10—50%igen Rohrzuckerlösung in einige Plasmaballen zerlegt, so zeigte sich, daß die kernhaltigen Stücke und diejenigen kernlosen Teile, welche mit den ersteren durch feinste Plasmafäden in Verbindung standen, fähig waren, die Zellmembran in ihrer Umgebung von neuem zu erzeugen. Kernfreie Stücke dagegen, welche in keiner Weise unter der Mitwirkung eines Kernes standen, zeigten die Membranbildung nicht mehr (vgl. die Abb. 21). Genauere Beobachtung lehrte, daß auch die Verbindungsfäden sich mit einer feinen Cellulosehaut bedeckten. Sehr richtig bezeichnet Townsend die Bildung der Zellhaut als einen entwicklungsphysiologischen Akt, und gemäß der alten Anschauung, daß der Kern in solchen Fällen das veranlassende Moment ist, suchte er die Reichweite des Kernes festzustellen.

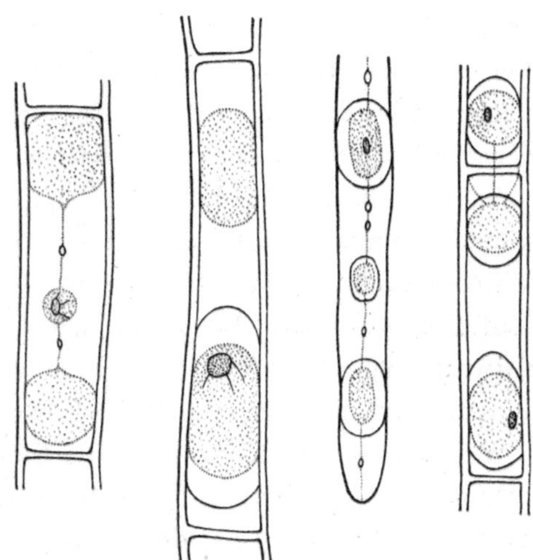

Abb. 21. Der Einfluß des Zellkernes auf die Bildung der Zellhaut nach Townsend. Plasmolysierte Zellen. Bei *A* Blatthaar von *Cucurbita;* drei Protoplasmaballen, der mittlere mit dem Kern, alle drei durch feine Fäden unter sich verbunden. *B* Kelchhaar von *Gaillardia;* der kernhaltige Abschnitt hat die Zellmembran gebildet, der kernlose ist nackt. *C* Wurzelhaar von *Marchantia;* drei Plasmaballen, einer kernhaltig, zwei kernlos, alle drei durch feinste Fäden miteinander verbunden; alle drei haben die Zellmembran von neuem gebildet. *D* Blatthaar von *Cucurbita;* ein kernloser Plasmaballen hat sich mit einer Zellhaut umgeben, steht aber durch Plasmabrücken mit dem kernhaltigen Teile einer Nachbarzelle in Verbindung.

Es ergab sich, daß nach Plasmolysierung der Kern im äußersten Falle, der zur Beobachtung kam, auf Entfernungen von 3,75 mm hin wirksam war, wobei eine Wegstrecke von 1,90 mm auf die verbindenden außerordentlich feinen Plasmafäden entfiel; diese Resultate geben natürlich nur diejenige größte Entfernung an, welche bei den vorliegenden Versuchen an sehr großen Zellen ermittelt werden konnte. Wie weit der »Einfluß des Kernes« wirklich reicht, ist damit noch nicht festgestellt. Wenn nun, wie der Autor berichtet, unter Umständen bis zu 20 in einem langen Pollenschlauche befindliche durch feinste Fäden unter sich in Verbindung stehende Plasmaballen sämtlich die Erscheinung der Zellhautbildung zeigten, so stehen wir wiederum vor der Schwierigkeit, diese Tatsache als eine Fernewirkung des Kernes auszudeuten. Nun hat aber Townsend noch eine Beobachtung von hoher prinzipieller Bedeutung gemacht; er hat nämlich gefunden, daß gelegentlich »kernfreie« Stücke sich mit einer Zellmembran umgaben, aber diese standen dann mit kernhaltigen Stücken der Nachbarzelle durch Plasmabrücken in Verbindung (vgl. Abb. 21 bei *D*). Also haben wir hier die Fortdauer des syntonischen Zustandes unter Nachbarzellen direkt vor Augen.

Von höchster Bedeutung für die Biologie sind die Plasmolyseuntersuchungen von Miehe (1905). Dieser Autor benutzte eine Meeresalge der Gattung *Cladophora*, deren verzweigter Thallus allenthalben aus einzelnen in Reihen hintereinandergesetzten Zellen besteht. Wird die Konzentration des Meerwassers allmählich bis auf 12,5% erhöht, so ziehen sich die sämtlichen Zellenkörper von den Zellmembranen zurück und gehen in die Form ellipsoider Blasen über. Es bilden nunmehr die verkleinerten Zellen kräftige Membranen aus, und, wenn man einige Tage später das Objekt wiederum in normales Seewasser zurückbringt, so wächst in der Folge jede einzige Zelle zu einem kleinen Pflänzchen aus; sie verhält sich somit nunmehr wie eine auf vegetativem Wege gebildete Spore. Dabei zeigt sich eine deutliche Erscheinung der Polarität, denn die sämtlichen Zellen bildeten zunächst an ihrer Basis Rhizoiden, später, nach einigen Wochen, an dem entgegengesetzten apikalen Ende grün gefärbte Sprosse. Da der äußerliche Zusammenhalt der Mutterpflanze von wegen der alten Cellulosemembranen unverändert fortbestand, so war nunmehr gewissermaßen ein junges Pflänzchen über das andere gesetzt. Miehe hat also durch seinen gelungenen Plasmolyseversuch, wie er selbst klar erkennt, die dynamische Einheit der Pflanze, wir würden sagen: ihre Regel des Seins oder den Kanon ihrer Formen durch Zerstörung des syntonischen Zustandes vollständig aufgehoben und die Totalität des Objektes auf eine »Summe« verbindungsloser Zellen zurückgeführt. Miehe schließt aus seinen Beobachtungen, daß im normalen Zustande korrelative Wirkungen zwischen den Zellen des Pflanzenkörpers bestehen, welche zugleich einen »hemmenden« Reiz für die einzelne Zelle vorstellen und deren eingeschränkte Leistung im Rahmen des Ganzen zur Folge haben. Für ungemein wichtig halte ich die Bemerkung Miehes, daß die physiologische Polarität der einzelnen Zelle, welche sich durch die Unterschiedlichkeit der Produktionen am apikalen und basalen Ende ausdrückt, mit der Polarität des ganzen Pflanzenkörpers der Richtung nach zusammenfällt.

Ich komme nunmehr auf Winklers Bearbeitung der Entwicklungsphysiologie der Pflanzen zurück, aus welcher ich schon oben referiert habe. Der Autor hatte des näheren ausgeführt, daß es bei den Pflanzen fast immer gelingt, durch geeignete Beseitigung gewisser Sproßformen andere in ihrer Entwicklung so zu modifizieren, daß sie die beseitigten Sproßformen ersetzen (vgl. oben S. 70). Daraus schließt Winkler auf das Vorhandensein von »Förderungs- und Hemmungsreizen«, die von den Organen ausgehen. Es ist zu schließen, »daß das Unterbleiben der andersartigen Ausbildung, also die normale Gestaltung dieser Sprosse beim Vorhandensein der im Experiment beseitigten Teile durch Reize mitbedingt wird, die von diesen Teilen ausgehen und deren Summe wir Korrelationen nennen«. Diese Darlegung stimmt ihrem Wesen nach mit unseren Ausführungen über die Verfassung des tierischen Körpers überein, nämlich durch die Anerkennung eines besonderen physiologischen Gesamtzustandes, welcher sich auf die Daseinsform erstreckt. Hier bei Winkler tritt diese Ansicht unter der Verkleidung der Reizphysiologie auf, während es sich nach unserer Anschauung um die syntonischen Zustände handelt. In jeder einzigen Körperzelle, sagt Winkler, »schlummert eine ganze Reihe von Möglichkeiten, von denen sich im Laufe der Entwicklung nichts zeigen kann, weil die einzelne Zelle unter der korrelativen Einwirkung des übrigen Körpers steht. Wäre dies nicht der Fall, so könnte ein vielzelliger, nach dem Prinzip der weitgehendsten Arbeitsteilung gebauter Körper, wie es der der höheren Organismen ist, sich gar nicht bilden«. Also korrelative Beziehungen bestimmen die normale Entwicklung; aber diese positiven Wirkungen haben, wie wir es ausdrücken möchten, eine negative Kehrseite. Sie äußern sich hemmend auf zahllose Potenzen, die in den Zellen, Geweben usw. enthalten sind. »Wenn z. B. die Eier von *Fucus* keimen, so entstehen zunächst zwei Zellen, von denen die eine bei ungestörter Entwicklung den Thallus, die andere das Rhizoidensystem der künftigen Tangpflanze liefert. Wird aber die Rhizoidenzelle abgetötet, so entstehen aus der Thalluszelle neue Rhizoiden (Kniep). Wenn das, solange die Verbindung der beiden primären Zellen erhalten bleibt, nicht eintritt, so kann der nächste Grund nur der sein, daß von der Rhizoidenzelle korrelative Hemmungsreize ausgehen, die das Unterbleiben der Rhizoidenbildung in der Thalluszelle zur Folge haben.« Man ersieht aus diesen Darlegungen wiederum leicht, wie gekünstelt im Grunde genommen die Annahme von besonderen Hemmungsreizen ist, denn die Pflanze müßte sich in der dauernden Abgabe ungezählter solcher Reize erschöpfen. Wir bleiben also dabei stehen, daß die Syntonie aller lebendigen Teile, ein positiver Zustand des Lebens, welcher die Formen betrifft, das Feld beherrscht, als deren negative Kehrseite die fraglichen Hemmungen auftreten.

Die Ergebnisse der experimentellen Untersuchungen bei tierischen Objekten sind wesentlich die gleichen wie bei Pflanzen. Ich rufe in Erinnerung zurück, daß Driesch aus den Arbeiten Rouxs das Prinzip der Selbstdifferenzierung begrenzter Bezirke in der Entwicklung entnommen hatte (vgl. oben S. 24 f., 67), und auf dieser Basis kam er dann zu der Lehre von der Wirksamkeit eines besonderen elementaren Naturfaktors, der Entelechie, welche in den äquipotentiellen Systemen des Keimes die örtliche Verschiedenheit der Entwicklung ebensowohl wie das gesetzmäßige Ineinandergreifen aller Einzelprozesse bestimmt. So ergaben sich für die analytische Theorie Drieschs aus dem Prinzip der Selbstdifferenzierung die äußersten Konsequenzen, und wir werden gewahr, welche ungemeine Schwierigkeiten sich einstellen können, wenn aus einem einzelnen Verhältnisse ein naturhistorischer Begriff unrichtig abgeleitet, verallgemeinert und aus diesem wiederum Folgerungen entnommen werden, welche das gesamte Feld der Embryologie gleicherweise betreffen. Auf die am Froschei gezeitigten Resultate, welche mit zu den Grundlagen der Theorie Drieschs gehören, werden wir im übrigen weiter unten zurückkommen.

Was die reich variierten Versuche Drieschs am Seeigelkeim anlangt, so war es mir bei der besonderen Einstellung, die ich meinen eigenen Beobachtungen an gänzlich anders gearteten Objekten verdanke, leicht, aus ihnen zu entnehmen, daß 1. die angebliche Summe der Furchungszellen die Totalität eines lebendigen Geschöpfes bedeutet, und daß 2. bei Isolierung der Blastomeren gewisse im normalen Zustande bestehenden »Hemmungen« aufgehoben werden, nach deren Wegfall die immanente Totipotenz der Zelle zwangsläufig den Weg der Entwicklung in der Richtung der Totalität einschlägt. »Erklärbar« ist dieser letztere Umstand ebensowenig wie die spezifische Regeneration oder die Entwicklung überhaupt. Die Subsumption unter den Begriff der erzwungenen Fortpflanzungserscheinungen (s. oben S. 37 f.), welche ich bei Korschelt wiedergefunden habe (1913), kann nur dazu dienen, die allgemeinen biologischen Zusammenhänge zu charakterisieren und das besondere Verhältnis zur Theorie der Histosysteme klarzulegen.

Die Parallelen zwischen den Erfahrungen Miehes an der Alge *Cladophora* und den Resultaten Drieschs beim Seeigelkeime liegen klar zutage. Bei beiden Objekten haben wir eine ausgesprochene Polarität (Richtungsorganisation) des lebenden Geschöpfes, also eine synthetische Verfassung des Ganzen oder einen spezifischen Kanon der Formen; dieser ist bei der Alge ebenso wie bei anderen Pflanzen ausgedrückt durch den Gegensatz in den Richtungen basal- und apikalwärts, welcher sich gleicherweise durch physiologische und morphologische Eigenschaften näher charakterisiert, bei dem Seeigelkeime ermittelt durch Boveri auf Grund der Beobachtung einer »Schichtenbildung« des Plasmas, durch welche die polare Form der Organisation äußerlich markiert wird, wobei Boveri ausdrücklich hervorhebt, daß durch Pressung und Zerrung des Eies zwar der Furchungstyp abgeändert wird, nicht aber die Polarität des Systems (1901, S. 162).

Ferner haben wir bei der Alge eine deutlich hervortretende polare Organisation der einzelnen Zelle, welche mit derjenigen der ganzen Pflanze der Richtung nach zusammenfällt, also in ihre Gesamtverfassung eingeschlossen ist, eine Sachlage, die beim Seeigelei in exakter Weise bisher freilich nicht nachweisbar war, aber von Driesch seinerzeit hypothetisch erschlossen und insoweit von Boveri anerkannt wurde, als er die Zellen an der Gesamtpolarität des Keimes entsprechenden Anteil nehmen läßt.

Weiterhin hebt Miehe durch die Plasmolyse den Kanon der Pflanze auf und verwandelt sie auf diese Weise in eine Summe von Zellen, während vergleichsweise der nämliche Effekt beim Seeigelkeime auf mechanischem Wege durch die Schüttelmethode, eventuell mit Nachbehandlung des Objektes in kalkfreiem Seewasser, erreicht wird. In beiden Fällen wird die zwischen den Zellen bestehende Syntonie und mit dieser die besondere Einschränkung ihrer Valenzen aufgehoben, worauf dann das Gefälle der Entwicklung automatisch in der Richtung auf Reproduktion der Totalität des Geschöpfes sich einstellt.

Durch die neueren Untersuchungen hat sich gezeigt, daß auch beim Amphibieneie die Verhältnisse ähnlich liegen wie beim Echinidenkeime. Roux hat bekanntlich (1888) nach Abtötung oder schwerer Verletzung einer der beiden ersten Furchungszellen oder zweier Blastomeren des Vierzellenstadiums aus der restierenden Zelle einen Halbembryo erhalten. Er schloß daraus, daß die Entwicklung des Embryo von der zweiten Furchungsteilung an zunächst eine Mosaikarbeit aus vier Teilstücken ist. Roux erlitt aber sehr bald Widerspruch von seiten Oskar Hertwigs (1892), welcher dahin urteilte, daß die Blastomeren sich in Abhängigkeit voneinander und in Abhängigkeit vom Ganzen entwickeln (vgl. auch 1922, S. 122 ff., 135). Diese zwischen den beiden genannten Autoren aufgetretene Kontroverse war seinerzeit zweifellos schwieriger Natur; heutzutage ist sie es jedoch nicht mehr, nachdem Spemann beim Ei des *Triton* die beiden ersten Blastomeren völlig getrennt und aus jeder einen ganzen Embryo erhalten hat. Die prinzipielle Übereinstimmung zwischen dem Seeigelkeime, der Fadenalge und dem Amphibieneie ist hierdurch gesichert.

Im Falle des Rouxschen Froscheies tritt die normalerweise zwischen den beiden Antimeren des Keimes bestehende Syntonie für den Beobachter am besten in der Pari-passu-Entwicklung der Teile hervor, nachdem Roux selbst festgestellt hat (1888, S. 437), daß geringe zeitliche Unterschiede in der Entwicklung beider Körperhälften zwar gelegentlich vorkommen, in der Norm aber jedesfalls wieder ausgeglichen werden. Ferner hat Roux sehr eingehend dargelegt, daß bei Gelegenheit der Postgeneration, d. h. bei der Wiederanbildung der durch die Operation verloren gegangenen Eihälfte, letztere in weitgehender Weise unter den korrelativen Einflüssen der gesunden Hälfte steht. Also kann man urteilen, daß derartige Einflüsse von Anfang an auch in den normalen Gang der Entwicklung eingeschlossen sind. Durch die Aufhebung oder Störung des normalen Zustandes der Syntonie zwischen den beiden Eihälften wird auf der nicht operierten Seite ein neues regeneratives Vermögen geweckt, welches sehr bald zum Vorschein kommt, da nach Roux schon auf dem Stadium der Morula Kerne aus der gesunden Eihälfte in die andere übertreten. Eine besondere Erklärung würde der Umstand erfordern, daß beim Frosch nach der operativen Behandlung der einen Blastomere die andere auf immerhin längere Zeit hinaus einer Teilentwicklung unterliegt, welche beim Seeigelkeime nicht in dieser Weise vorhanden ist. Es nimmt sich so aus, als ob die Zelle einem gewissen Trägheitsgesetze folgt und schwer umstellbar ist. Die hier angeschnittene Frage betrifft das Wesen der Regulationen, über welches bei Driesch viel verhandelt worden ist. Da dieses Problem jedoch für unsere gegenwärtige Untersuchung von sekundärer Bedeutung ist, so nehmen wir davon Abstand, in die Behandlung des Gegenstandes einzutreten, und wenden uns den grundlegenden Untersuchungen über Synthese lebendiger Geschöpfe durch sekundäre Vereinigung ursprünglich getrennter Zellen zu.

2. Experimentelle Herstellung der Syntonie mit Parallelen aus der Natur. Driesch, Mangold, Boveri, H. V. Wilson, K. Müller u. a.

Die prinzipielle Bedeutung der vorstehend geschilderten Versuche an der *Cladophora*, dem Seeigel- und dem Froschkeim lag nach unserer Auseinandersetzung darin, daß durch experimentelle Maßnahmen die synthetische Verfassung der Totalität des Geschöpfes aufgehoben und dessen einzelne Zellen entwicklungsphysiologisch selbständig gemacht wurden. Es ist nun von höchster Bedeutung für die Biologie der Formen, daß auch die Umkehrung dieser Versuche zustande gebracht worden ist. Es haben nämlich Driesch, Mangold, H. V. Wilson, K. Müller und andere gezeigt, daß es gelingt, die Keime zweier verschiedener Geschöpfe oder auch beliebiges Zellenmaterial, welches zuvor durch mechanische Isolierung aus lebenden Körpern erhalten wurde, zur physiologischen Vereinigung und gemeinschaftlichen Entwicklung zu bringen. Meiner Meinung nach können diese Ergebnisse in ihrem Werte für die Erkenntnis der äußersten Grundlagen aller Embryodynamik gar nicht hoch genug veranschlagt werden. Wenn beispielsweise zwei Blastulae vom Seeigel zur Vereinigung gebracht einen einheitlichen Riesenembryo ergeben, so bedeutet dies eine Synthese im Lebendigen, Herstellung der Syntonie zwischen vorher getrennten Teilen, Vermehrung des lebendigen Materiales auf das Doppelte der Norm und Unterstellung desselben unter die Formen eines einheitlichen Seins. Die Quantitäten ändern sich, aber das Gefälle der Entwicklung bleibt das nämliche wie vorher, und, wenn bei einer solchen Zusammenfügung zahlreiche Geschlechterfolgen der Zellen scheinbar anders verwertet werden als sonst, so zeigt sich nur, daß auch in der Norm die entwicklungsphysiologische Rolle der Zelle nicht vorher bestimmt ist, vielmehr alle Formen sich epigenetisch entwickeln durch die Wirkung eines synthetischen und zwar schöpferischen Vermögens, auf der Basis einer causa materialis, welche in dem Artcharakter von Plasma und Kern gegeben ist. Im einzelnen sind die Versuchsresultate verschiedenartiger Natur und ergeben zahlreiche interessante Gesichtspunkte.

Driesch befreite die befruchteten Eier (von *Echinus* oder *Sphaerechinus*) durch Schütteln von der Membran, setzte wenig NaOH hinzu und beförderte dadurch die Neigung der Eier, miteinander zu verkleben. Trotz dessen erhielt er in seinen Kulturen auf 10 000 Eier nur etwa 20 Verschmelzungen. Der Zeitpunkt der Vereinigung steht nicht genau fest. Nach Drieschs Meinung verschmelzen die Eier von dem frühen Blastulastadium angefangen; warum die Morula hierfür nicht in Betracht kommen kann, ist mir dabei nicht klar geworden.

Die Produkte der Verschmelzung waren mannigfacher Art. Driesch unterscheidet (1900) die folgenden Verschmelzungsprodukte: a) Ohne Regulation: die verschmolzenen Blastulae sind zunächst immer sanduhrförmig, später ellipsoidisch oder rund; aus ihnen gehen unter anderem massenhafte Zwillingsbildungen (Verwachsungsfiguren) hervor, was bei *Echinus* die Regel ist. b) Mit sekundärer Regulation: es wird nur ein Pluteus gebildet, der aber noch ein zweites rudimentäres Skelett und einen zweiten Darm in sich trägt; die Entwicklung beginnt wie vorher bei den Zwillingsbildungen, aber der eine Keim bleibt zurück und der Gesamtkeim entwickelt sich in der Richtung der Einheit weiter. c) Mit

primärer Regulation: die Entwicklung gestaltet sich von Anfang an einheitlich, und das Endresultat ist ein vollständig normaler Riesenpluteus von proportionaler Körperform; die Zellenzahl ist dabei verdoppelt, was durch Abzählen der Mesenchymzellen festgestellt werden kann (Abb. 22).

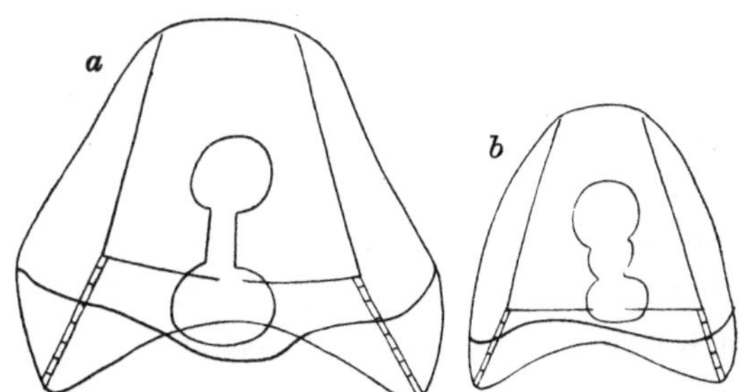

Abb. 22. Ein Beispiel aus den Verschmelzungsversuchen von D r i e s c h. *Sphaerechinus. a* großer Einheitspluteus, durch Verschmelzung zweier Keime entstanden; *b* normaler Pluteus aus der gleichen Kultur und gleichen Alters, zur Erläuterung der Größenunterschiede. (Nach der Original-Abb. verkleinert wiedergegeben.)

In einer späteren Nachuntersuchung gruppiert Driesch die Verschmelzungsprodukte wie folgt: a) Echte Zwillinge, welche nur durch Ektodermbrücken unter sich verbunden sind. b) Zwillinge mit reziproken Größenanomalien: der eine Partner ist größer, der andere kleiner, und zwar wechselnd an Umfang bis zur Zwergbildung. c) Einheitsplutei mit teilweiser Darmverdoppelung oder persistierendem zweitem Darme. d) Reine Einheitsplutei.

Auf der Grundlage dieser neuen Erfahrungen hat sich eine interessante Diskussion zwischen Driesch und Boveri ergeben. Driesch hatte versucht klarzulegen, warum das eine Mal Zwillinge, ein anderes Mal Einheitsbildungen entstehen, und glaubt annehmen zu dürfen, daß der Zeitpunkt der Verschmelzung in Betracht käme. Da nämlich nach Driesch der Echinidenkeim eine einfache polar-bilaterale Intimstruktur besitzt, so muß diese im Falle der Verschmelzung zweier Objekte umreguliert werden, und dies, so meint Driesch, braucht Zeit. Es könnten also eventuell die früher verschmolzenen Keime Einheitsbildungen liefern, während bei spät verschmolzenen der Strukturausgleich nicht mehr völlig zustande kam und somit Zwillinge verschiedener Art entstanden.

Mit diesen Ausführungen ist Boveri (1901) nicht einverstanden; er ist der Meinung, daß der Zeitpunkt der Verschmelzung keineswegs die angegebene Rolle spielt, und drückt sich wie folgt aus: »Ob aus gemeinsamer Entwicklung zweier Eier eine Einheit oder Doppelbildung resultiert, hängt meines Erachtens ausschließlich davon ab, wie die beiden Eiachsen bei der Verklebung zueinander gestellt waren. Stehen sie annähernd parallel, so daß die beiden Eier wie zwei primäre Blastomeren zueinander orientiert sind, so entsteht eine Einheitslarve, stehen sie im Winkel, die Doppelbildung.« Diese Darlegung halte ich, obwohl sie im Rahmen der Gesamtauffassung Boveris auf der Oberfläche bleibt und nur formaler Art ist (vgl. weiter unten), im Grunde genommen für richtig, wobei eine von Driesch später gegebene Einschränkung allerdings noch mit hinzuzunehmen wäre.

Wir unsererseits argumentieren wie folgt: Wäre der Seeigelkeim lediglich eine »Summe« von Zellen, so wäre die physiologische Vereinigung zweier getrennter Keime nicht verständlich. Vielmehr müssen wir in der Tatsache der gemeinschaftlichen Entwicklung einen Beweis dafür sehen, daß die korrelativen Beziehungen oder syntonischen Zustände zwischen den zwei vereinigten Keimen sich neu herstellten. Es handelt sich also um eine Synthese im Lebendigen. Weiterhin weisen die übrigens wechselnden Erfolge der gemeinschaftlichen Entwicklung darauf hin, daß bei Gelegenheit der Keimesverschmelzung in den einzelnen Fällen verschiedene Bedingungen der Entwicklung geschaffen wurden; auch dies wäre nicht verständlich, wenn bloße Summen äquipotentieller Zellen zu einer äußeren Vereinigung gelangten.

Nun hat Boveri anschließend an Driesch eine bestimmte Richtungsorganisation, eine bestimmte Verfassung des Echinidenkeimes nachgewiesen, welche sich durch die frühen Stadien der Entwicklung erhält und auf die Larve überträgt. In dieser Richtungsorganisation ist meiner Meinung nach ein Totalitätsfaktor enthalten, welcher rein äußerlich betrachtet in der »Polarität« des Eies zum Ausdruck gelangt und durch die Einführung einer Achse mit ungleichen Polen symbolisch ausgedrückt werden kann. Da wir nun von der Intimstruktur des Eies so gut wie nichts wissen, möchte ich mehr Wert auf die physiologischen, das ist die syntonischen Zustände legen, welche jedesfalls der vermuteten feinsten Richtungsorganisation des Eies entsprechend gedacht werden können und meiner Meinung nach als ausschlaggebend für den Effekt der Keimesvereinigung anzusehen sind. Bei paralleler oder syntoper Vereinigung der Keime korrespondieren die dynamischen Zustände und werden leichter zur Angleichung gelangen als bei Überkreuzung der Achsen oder asyntoper Zusammenstellung.

Driesch hat zu dieser Art der Betrachtung noch die folgende Einschränkung hinzugefügt. Gleichsinnigkeit der Achsen ist nicht unbedingt für die Entwicklung zur Einheitslarve erforderlich, denn es kommen Riesenlarven mit rudimentärem Zwilling oder mit einem zweiten Darm bei sonst einheitlicher Bildung vor. Es kann also sicherlich die eine Anlage mehr oder weniger vollständig zugunsten der anderen unterdrückt werden. In diesem Falle wäre der eine Keim für die Entwicklung der Formbildung maßgeblich, und das Material des anderen geht in die Form des ersteren allmählich auf. Auch diese Argumentation muß für richtig angenommen werden; es würde sich dann um eine gewisse Art der sekundären Regulation handeln, welche bei asyntoper Lage nicht oder nicht vollständig zustande kommt und in Ansehung der Reichhaltigkeit der Hilfsmittel der Natur verständlich erscheint. Die Beobachtungen von Bierens de Haan (1913) über Verschmelzung der Keime verschiedener Arten (heterogene Keimesverschmelzung) befinden sich in vollständiger Übereinstimmung mit der vorgetragenen Auffassung.

Da nun bei den Versuchen beim Seeigelei der Zeitpunkt der Verschmelzung nicht feststand, ist es von erhöhtem Interesse zu erfahren, daß Mangold beim Ei von *Triton* die Verschmelzung der Blastomeren nach der ersten Furchungsteilung der Eier zustande brachte. Der Autor ging in folgender Weise vor. Er befreite die befruchteten Eier von der Dotterhaut und beobachtete, daß bei der ersten Furchungsteilung die beiden Blastomeren sich abrundeten, wodurch der Keim eine »Hantelform« annahm. Legte er zwei solcher Hanteln kreuzweise übereinander, so gelangten sie zur Synthese und traten in die gemeinschaftliche Entwicklung ein. Die inneren Bedingungen derartiger Versuche sind schwierig, da die Blastomeren, ähnlich wie in den Versuchen von Roux (vgl. oben S. 103), in betreff ihrer Entwicklung ein gewisses Beharrungsvermögen zeigen (die Einzelheiten sind bei Mangold zu vergleichen); geschieht aber die Vereinigung in günstiger Richtung, so bringen es die Keime bis zur Gastrula, auch bis zur Neurula. Der Autor erhielt auf diese Weise sowohl homogene wie heterogene Synthesen (z. B. zwischen *Triton taeniatus* und *Triton alpestris*), und es befanden sich unter den erhaltenen sehr verschiedenartigen Produkten vor allem zwei im wesentlichen wohlgebildete Riesenembryonen mit gut entwickelten Medullarwülsten, von denen der eine durch homogene, der andere durch heterogene Überkreuzung der beiden ersten Blastomeren entstanden war. Damit hat die prinzipielle Seite der Frage auch für das Wirbeltier ihre Erledigung gefunden.

Die theoretische Auswertung der Verschmelzungsversuche wird schwierig, sobald man auf die Einzelheiten ausgeht; sie hängt sehr innig zusammen mit der Frage der Determinierung bzw. Fixierung des Schicksals der Blastomeren, auf welche ich in dieser Arbeit nicht näher eingehen kann (vgl. S. 17 f.). Bei Driesch wurden die eigenen Versuche für die naturwissenschaftliche Betrachtung nicht fruchtbar gemacht, weil er auf die Wirkung der Entelechie als eines Ordnung schaffenden Naturfaktors reflektiert. Aber auch Boveri sieht im Grunde genommen das wesentlich Neue an der Sache nicht und fällt in die historisch überkommenen Irrtümer zurück, welche sehr schwer zu überwinden sind. Er sagt darüber folgendes (1901, II, S. 172):

»Es handelt sich ... bei jeder Ontogenese immer um Individuenspaltung (Zellteilung).« »Betrachten wir also einen auf dem Zweizellenstadium angelangten normalen Keim, so können wir nicht sagen: hier besteht ein Individuum, sondern wir haben zwei Individuen vor uns, die gemeinsam zur Entstehung eines Individuums höherer Ordnung Veranlassung geben.« »Die gemeinsame Entwicklung zweier Eier ist, von diesem Standpunkte aus gesehen, prinzipiell das gleiche.« »Die normale Entwicklung bietet die gleiche Vereinigung mehrerer Individualitäten zu einer (höheren) wie im Falle Driesch.« »Diese Überlegung zeigt, daß der Begriff des ‚Ganzen‘, wie es vom Ei durch die einzelnen Stadien der Ontogenese durchgehen soll, kein sehr nützlicher ist.« »Man begegnet vielfach der Vorstellung, daß die Zellenlehre, d. h. hier die Lehre, die Zellen seien selbständige Organismen (Individuen), das Metazoon ein Zellenstaat, zur Erklärung der ontogenetischen Erscheinungen nicht ausreiche.« »Diese Vorstellung, der schon das phylogenetische Verhältnis zwischen Protozoen und Metazoen widerspricht, ist meiner Meinung nach nicht begründet. Das Experiment von Driesch zeigt aufs klarste, daß eine den Zellen übergeordnete Einheit oder Ganzheit während der Furchung nicht existiert. Wenigstens dürfte es eine geringe Bedeutung haben, das als ein Ganzes ... zu bezeichnen, was auch zu einem Halben gemacht werden kann.« Die spätere Ganzbildung geht demgemäß nach Boveri ohne jede Regulation lediglich aus der Qualität der Ausgangsgebilde, bei der künstlichen Zusammenfügung zweier Eier aus der von Anfang an richtig getroffenen gegenseitigen Achsenstellung hervor.

Hierzu bemerke ich zunächst in Parenthese, daß Drieschs Grundauffassung sicherlich nicht dahin geht, daß der Keim von vornherein ein Ganzes sei; denn nach seiner Überzeugung geht während der Entwicklung »eine Summe über in ein Ganzes«. Ohne diese Feststellung wäre die ganze »analytische« Entwicklungstheorie Drieschs nicht möglich. Doch finde ich einen Widerspruch darin, daß Driesch eine polar-bilateral-symmetrische Organisation des Gesamtkeimes fiktiv annimmt und trotz dessen den Keim als »Summe« betrachtet. Den gleichen Widerspruch finde ich aber auch bei Boveri, da er die durchgehende Polarität des Gesamtkeimes auf den verschiedenen Entwicklungsstadien von *Strongylocentrotus* ausdrücklicherweise festgestellt hat. Die sehr unglückliche Hineinziehung der Theorie vom Zellenstaate bedeutet einen Rückfall in ältere analytische Vorstellungsweisen, welche ich für meinen Teil überwunden habe. Denn diese letztere Theorie gehört dem Bereiche der Betriebsphysiologie an und hat niemals etwas geleistet für die Theorie der Entwicklung der Formen (Adenomeren, S. 164). Sie sucht zwar zu erklären, wie es kommt, daß die Gewebezelle Teil eines Ganzen geworden ist, sie bedient sich aber in dem Prinzip der physiologischen Arbeitsteilung unter »selbständigen« Individuen eines unzureichenden Mittels. Diese Arbeitsteilung bezieht sich auf die ökonomischen Funktionen (Kontraktion, Sekretion usw.), welche primär mit der Formbildung nichts zu tun haben, was man am besten daran erkennt, daß es unter den niederen Pflanzen (Kryptogamen) zahlreiche Objekte von unterschiedlicher sehr bestimmter Form gibt, bei denen die Zellen physiologisch gleichwertig sind. Die Formbildung und Formerhaltung beruht vielmehr in erster Linie auf den unter den Zellen bestehenden Korrelationen oder syntonischen Zuständen, welche dem Ganzen eine synthetische Verfassung geben, die eben in der bestimmten Formgestaltung sich ausspricht. Es ist mir daher auffällig, daß Oskar Hertwig, welcher in seinen Schriften klare Anschauungen über die zwischen den Embryonalzellen bestehenden Korrelationen entwickelt und auf das Verhältnis der einzelnen Zelle zum Ganzen in sehr bestimmter Weise aufmerksam gemacht hat, doch bei Erörterung der Frage, woher es kommt, daß die Embryonalzellen kein Aggregat bilden, sondern ein lebendiges System, wiederum auf die Theorie vom Zellenstaate zurückfällt (1922, S. 139ff.). Das Durcheinandergehen analytischer und synthetischer Vorstellungen ist hier wie auch a. a. O. unserer Literatur für mich ohne Schwierigkeit erkenntlich.

Wenn die Schlußfolgerung, daß durch mechanische Isolation der Zellen oder durch plasmolytische Aufhebung ihrer Verbindungen beim wachsenden Keim oder bei der fertigen Pflanze die bestehende Regel des Seins, der Kanon der Formen aufgehoben werden kann, worauf dann die Zellen oder einzelne kleinere unter sich verbundene Zellenkomplexe zwangsläufig ihrem besonderen Schicksale folgen, noch einem Zweifel unterliegen könnte, so bedeuten die Verschmelzungsversuche ein experimentum crucis für diese Frage. Denn durch sie wird eine Synthese im Lebendigen hervorgebracht, d. h. es wird ein syntonischer Zustand zwischen vorher getrennten Teilen begründet, welche in der Norm ihr eigenes Schicksal hatten. Daß dies überhaupt möglich ist, deutet mit aller Entschiedenheit darauf hin, daß in der normalen Entwicklung die physiologische Synthese lebendiger Teile zu den grundlegenden Vorgängen der Entwicklungsphysiologie gehört, und hiermit erreiche ich den vollständigen Zusammenschluß mit der von mir entwickelten Theorie der Histosysteme, denn die in der Entwicklung sich millionenfach wiederholenden Teilungsvorgänge bedeuten im Sinne meiner Theorie (nicht wie bei Boveri) einen fortlaufenden Auseinanderfall von Individualitäten, sondern zugleich eine Synthese mit Neuschöpfung von Formwerten oberer Ordnung, welche sich physiologisch wiederum als in dem Ganzen enthaltene dynamische Kreise niederer Ordnung verhalten. Der letztere Punkt wird dadurch erwiesen, daß nach meiner Entdeckung viele celluläre Systeme zusammengesetzter Art durch Teilung sich fortpflanzen, eine Fähigkeit, die auf korrelative Systemfunktionen sich gründet und entwicklungsphysiologisch ähnlich zu bewerten ist wie die ungeschlechtliche Fortpflanzung bei niederen Tieren.

Gehen wir auf den Fall des normalen Riesenembryos zurück, welcher aus der synthetischen Vereinigung zweier befruchteter Keime entsteht, so müssen die aus den Blastomeren hervorgehenden Geschlechterfolgen von Zellen, wie von den Autoren schon hervorgehoben wurde, nunmehr in anderer Weise als in der Norm verwertet werden. In der Norm entstehen aus zwei Keimen vier Körperhälften, zwei rechte und zwei linke; ich glaube nun, es wäre nicht berechtigt zu sagen, daß im Falle der Verschmelzung zwei Körperhälften »unterdrückt« werden. In diesem Falle würde man nämlich von der Ansicht ausgehen, daß die beiden ersten Blastomeren für die Bildung der beiden Körperhälften bereits vollständig determiniert sind[1]). Der Umstand nun, daß bei gemeinschaftlicher Entwicklung zweier Keime alle paarigen Organe nur zweimal, nicht viermal erscheinen, weist mit Bestimmtheit darauf hin, daß auch im normalen Falle die spätere Bestimmung der Blastomere zunächst nur in sehr allgemeiner Weise umschrieben wird und erst im Laufe der Entwicklung allmählich durch die fortschreitende Entfaltung korrelativer Wechselwirkungen festere Gestalt annimmt. Wird diese Folgerung gebilligt, so würde dies besagen, daß die dynamischen Korrelationen für den Gang der Entwicklung ganz und gar ausschlaggebend sind. Werden zwei getrennte Keime mit Erfolg synthetisch vereinigt, so stellt sich der gemeinschaftliche syntonische

---

[1]) Ich gehe hier beispielsweise von dem besonderen Falle aus, in welchem die erste Furchungsebene mit der späteren Symmetrieebene des Geschöpfes zusammenfällt. Beim Froschei entsteht bekanntlich häufig die zweite Furchungsebene zuerst (nach Roux); beim *Triton* trennt die erste Furche wechselweise die rechte und linke oder die Rücken- und Bauchhälfte (nach Spemann).

Zustand sofort her, aber er kann, wie mir scheint, nicht von Anbeginn an von durchaus gleicher Beschaffenheit sein wie bei dem normalen Keime; dem widerspricht, was wir über die Polarität des Keimes wissen, so wenig dies auch ist. Das wesentliche scheint mir zu sein, daß die Herstellung eines dynamischen Gesamtzustandes genügt, um die gemeinschaftliche Entwicklung in Gang zu bringen, wobei die Umbildung oder Regulation des Gesamtkeimes unter der Wirkung eines Kräftesystemes steht, welches sich seinerseits automatisch reguliert.

Nachdem wir so das Kapitel der physiologischen Synthese lebendiger Zellen an der Hand einiger hervorragender Arbeiten praktisch und theoretisch in den Grundzügen klargelegt haben, bleibt uns noch übrig, darauf hinzuweisen, daß das in Frage kommende Gebiet Verbindungen nach allen möglichen Richtungen hin hat und seine ausführlichere Bearbeitung für die Zukunft aller Wahrscheinlichkeit nach reiche Erfolge verspricht.

Ich zitiere zunächst (nach Korschelt) die Untersuchungen von H. V. Wilson und K. Müller an Meeres- und Süßwasserschwämmen. Diese Autoren zerrieben zunächst kleine Stückchen von Schwämmen zwischen den Fingern und spülten die Reste in einem mit Wasser gefüllten Gefäße ab. Die Teilchen breiteten sich auf dem Boden aus, und es entstanden aus ihnen neue Schwämmchen, welche möglicherweise aus kleinen in sich zusammenhängenden Schwammstückchen hervorgegangen sein konnten. Aber schon bei diesen Versuchen bemerkte man, daß isolierte amöboide Zellen zu größeren Aggregaten zusammentraten. Daraufhin wurden die Versuche vervollständigt: die Schwammstückchen wurden zerrieben und durch feine Gaze oder gar reine Leinwand hindurchgetrieben. In sich zusammenhängende Teile wurden nicht mehr beobachtet; vielmehr lehrten die mikroskopischen Untersuchungen, daß lediglich isolierte Zellen vorhanden waren, die sich zu Aggregaten vereinigten, aus welchen ein junger Schwamm mit den vollständigen Attributen seiner Organisation hervorging. H. V. Wilson hat später ähnliche Versuche auch bei Hydroidpolypen und Anthozoen, also wesentlich höher gebildeten Geschöpfen, angestellt.

Wir haben also hier wiederum die Tatsache der Synthese lebendiger Zellen, die Wiederherstellung syntonischer Zustände und die Reproduktion des Geschöpfes in seiner Totalität. Diese hier auf experimentellem Wege aufgesammelten Erfahrungen erinnern ohne Zweifel an gewisse Vorgänge in der Entwicklungsgeschichte der Schleimpilze (Vereinigung der Myxamöben zu Fusionsplasmodien und Bildung typisch geformter Sporangien). Die Vorgänge der Entwicklung in der Natur schließen also, wie wir wiederholt hervorheben, das Vermögen der sekundären Synthese in sich ein, obwohl in der Embryonalentwicklung der physiologische Zusammenhang der Teile von Anfang an dauernd erhalten bleibt.

Hier ist die rechte Stelle, der Erscheinungen zu gedenken, welche in der Entwicklungsgeschichte der Süßwasser-Dendrocölen übereinstimmend von mehreren Autoren beobachtet worden sind (vgl. Korschelt und Heider: 1890, Bd. I, S. 110 f.). Diese Tiere (*Planaria, Dendrocoelum lacteum*) legen verhältnismäßig große Kokons ab, welche wenige Eier mit vielen Dotterzellen enthalten. Nachdem die Furchung in Gang gekommen ist, treten die Blastomeren in einer auffallenden Weise auseinander, so daß sie nicht mehr in Berührung stehen und von Dotterzellen rings umgeben sind. Aus dem weiteren Ablauf der Blastomerenteilung ergibt sich in der Folge ein Haufen von 70—80 regellos aneinander gelagerten Zellen, an welchen die Keimblattbildung einsetzt. Die Isolation der Blastomeren und ihre Wiedervereinigung zum Embryo, welche in ähnlicher Weise auf experimentellem Wege von Mangold zustande gebracht werden ist, tritt also hier unter besonderen Bedingungen, welche mit der Ernährung des Keimes in Zusammenhang stehen, als ein spontaner Vorgang in der Natur auf, und es zeigt sich wiederum, daß die Natur selbst der geschickteste, gewandteste und erfolgreichste Experimentator ist, indem sie das gegebene Material immer wieder unter verschiedene Bedingungen bringt und alle Fähigkeiten desselben nach allen Richtungen hin ausnutzt. Die unendliche Variabilität in der Natur und die Vergleichung der scheinbaren Widersprüche, in denen sie sich gefällt, hat mir bei der theoretischen Ausdeutung der Tatsachen von jeher die wesentlichsten Dienste geleistet.

Weiterhin erwähne ich kurz, daß das Problem der Verschmelzung in den Grenzgebieten sich berührt mit dem Kapitel der Transplantation und der Pfropfung, wobei die Untersuchungen von Winkler über die

Chimärenbildung bei Pflanzen eine sehr erhebliche Rolle spielen. Ebenso wäre auf dem Gebiete der normalen Entwicklung der sekundäre Zusammenschluß der Neuronen mit den Muskelfasern und den sensiblen Endapparaten neu zu untersuchen. Wird der Glossopharyngeus durchschnitten, so degenerieren die Geschmacksknospen; es muß mithin zwischen beiden Teilen ein dynamischer Zusammenhang existieren. Sehr schwierig, aber sehr wertvoll, wäre die erneute Bearbeitung der Muskulatur; wenn nach Durchschneidung des Nerven die Muskulatur sich zurückbildet und die Querstreifung verloren geht, so kann dies nicht auf Inaktivitätsatrophie beruhen, weil die Rückbildungserscheinungen sogleich einsetzen und einen schnellen Verlauf nehmen. Untätigkeit für sich allein würde zweifellos lediglich äußerst langsame Veränderungen nach sich ziehen. Wird der motorische Nerv wiederum regeneriert und stellen sich die Endplatten wieder her, so hat der physiologische Zusammenschluß mit der Muskelfaser den Wiederaufbau ihrer spezifischen Struktur zur Folge. Es muß mithin zwischen beiden Teilen ein besonderes dynamisches Wechselverhältnis obwalten, welches den Zustand der lebendigen Formen, die Regel ihres Seins betrifft. Dabei taucht das Problem auf, wie sich die Syntonie zum physiologischen Tonus des Nerv-Muskelapparates verhält.

K. Die Erscheinungen der Polarität.

Das Problem der Polarität der lebendigen Gebilde ist in dieser Schrift mehrfach zum Vorschein gekommen; aber es ist mir zur Zeit noch nicht möglich, auf die einschlägigen Arbeiten näher einzugehen, da das in Betracht kommende Literaturgebiet bereits einen sehr großen Umfang angenommen hat (vgl. bei Winkler S. 653 und bei Korschelt S. 190). Wenn ich trotz dessen in einige Erörterungen über diesen Gegenstand eintrete, so geschieht es darum, weil ich mich im Anfange meiner wissenschaftlichen Tätigkeit ausgehend von den Betrachtungen Karl Rabls (1889) in eingehender Weise mit der Polarität der Zellen und einer von dieser eventuell abhängigen Richtungsorganisation innerhalb einfacher Gewebe befaßt habe (vgl. oben S. 20f.). Außerdem steht das Problem der Polarität in unmittelbarem Zusammenhange mit der allgemeinen Vorstellung einer morphologischen und physiologischen

Verfassung der Formen lebendiger Geschöpfe, für welche ich in der vorliegenden Arbeit die Ausdrücke Ideokanon und Syntonie geprägt habe.

Der Begriff der Polarität ist durchaus allgemeiner Natur. Von Polarität kann gesprochen werden, wenn bei einem Tier oder einer Pflanze der Körper im ganzen oder eventuell kleinere Teile desselben (Sprosse, Blätter, Pflanzenhaare, Extremitäten, Fühler, Taster usw.) derartig gebaut sind, daß eine Strukturachse festgelegt werden kann, längs deren die hintereinander folgenden Teile beim Abwandern in der einen Richtung in typisch anderer, und zwar umgekehrter Weise angeordnet erscheinen als beim Abwandern in der entgegengesetzten Richtung. Polarität besitzen alle Tiere mit ausgesprochener Längsachse, alle Pflanzen mit unterscheidbarem apikalem und basalem Pole. Polarität besitzt ebenso ein Infusor, eine Darmepithelzelle, ein Leukocyt, aber nicht die quergestreifte Muskelfaser, denn letztere verhält sich bei der Abwanderung von einem Ende bis zum anderen und umgekehrt, soweit wir bis jetzt wissen, im Prinzip durchaus gleichartig. (Dagegen besitzt die Muskelfaser mitunter eine deutliche bilaterale Symmetrie, vgl. Noniusfelder, S. 371). Ist Polarität auf morphologischem Wege nicht direkt nachweisbar, so ist sie doch unter Umständen erkennbar an der Art der entwicklungsphysiologischen Produktionen, welche entsprechend den ungleichartigen Enden der angenommenen Richtungsachse sich typisch verschieden gestalten, was insbesondere bei den regenerativen Vorgängen leicht zutage tritt.

Was die Polarität bei den Zellen anlangt, so habe ich oben schon einige Beispiele angeführt. In dem vorliegenden Zusammenhange möchte ich weiterhin meiner Untersuchungen an den Amöben gedenken, über welche ich in dem ersten Jahrzehnte unseres Jahrhunderts weitläufige Erfahrungen aufgesammelt habe. Sie zeigen jedesmal bei geradliniger Bewegung eine ausgesprochene »Polarität«, nämlich einen verbreiterten vorderen Abschnitt, welcher sich in der Richtung nach hinten allmählich verjüngt, wofür die *Amoeba limax* ein bekanntes Beispiel ist. Diese Gesamtform ist jedoch auch bei den anderen Arten fast immer deutlich ausgesprochen, und zwar auch dann, wenn die Amöbe zahlreiche seitliche Pseudopodien besitzt, — immer vorausgesetzt, daß die Richtungsachse ihres Körpers mit der Richtung der fortschreitenden

Bewegung über einige Zeitdauer hin zusammenfällt (z. B. bei der *A. vespertilio, proteus, radiosa*). Die gleiche Gesamtform zeigen ebenso die flach scheibenförmigen Amöben unter den gleichen Bedingungen der Bewegung (*A. sphaeronucleus, Hyalodiscus guttula*). Da nun aber die Amöben häufig die Richtung der Bewegung wechseln, wobei die Körperform sich momentan ändert, so zeigt sich, daß diese Art der Polarität leicht regulierbar ist, womit ich einen Ausdruck wähle, welcher bei den Bearbeitern der Entwicklungsgeschichte tierischer Keime eine große Rolle spielt. Bei mehrkernigen Zellen wird die physiologische Polarität leicht erkennbar bei Gelegenheit der Teilung oder der Regeneration. Teilt sich das Infusor *Stentor* der Quere nach oder wird es von dem Experimentator in zwei Querstücke zerlegt, so regeneriert das Vorderstück den hinteren, das Hinterstück den vorderen Körperabschnitt. Oder mit anderen Worten: derselbe Querschnitt des Körpers verhält sich bei Gelegenheit der Regeneration nach Richtungen verschieden, da nämlich die durch den einen Querschnitt gesetzten Begrenzungsebenen der beiden unter sich verschiedenen Teilstücke des Tieres durch die letzteren selbst in ihrer Leistung näher bestimmt werden. Wir haben mithin in der Regeneration eine deutliche Systemfunktion, welche unter dem Bilde der Polarität einer von dem Experimentator beliebig gewählten Querschnittsebene hervortritt.

Die vorhin besprochenen Amöben leiten über zu den Pflanzenzellen, deren Plasma dem Anscheine nach in ähnlicher Weise leicht beweglich ist. Nehmen wir als Beispiel das Blütenhaar einer Cucurbitacee, so haben wir ein kleines sehr einfach gebautes Organ vor uns, welches im ganzen betrachtet sich gegen den apikalen Pol hin allmählich verjüngt und aus einer einfachen Reihe von Zellen besteht (vgl. auch die Abbildung in Plasma u. Zelle, I, S. 103). Jede Zelle weist in der Norm einen kräftig entwickelten axialen Plasmastrang auf, welcher nach den verschiedensten Richtungen hin sich verästigt, in der Peripherie mit dem protoplasmatischen Wandbelag zusammenhängt und nächst der Basis der Zelle den Kern in sich beherbergt. Werden die Protoplasmaströmungen heftiger, so kann sich allerdings dies typische Bild verlieren; allein es ist dies wohl ein Effekt des durch die Präparation hervorgerufenen Erregungszustandes.

Nun zeigt nach dieser Beschreibung das Haar als Ganzes eine deutliche Polarität, wegen der allmählichen Verjüngung des Gebildes und der Möglichkeit der Unterscheidung eines basalen und eines apikalen Poles. Und somit fällt hier die Richtung der Polarität der einzelnen Zelle mit derjenigen des Systems zusammen. Das war es, was auch Miehe bei der Alge *Cladophora* aus physiologischen Erscheinungen heraus erschlossen hat. Wenn also das Haar als Ganzes einen bestimmten Kanon der Formen zeigt, welcher so beschaffen ist, daß die einzelne Zelle lediglich einen Ausschnitt aus der Form des Ganzen darstellt (was für viele einfache pflanzliche Objekte zutreffen dürfte), so geht daraus hervor, daß die tatsächlich beobachtete Subsumption der Zelle unter ein übergeordnetes System nur eine Sache der Entwicklungsphysiologie sein kann, wobei mithin die angebliche »Arbeitsteilung« unter Zellen im Sinne der Zellenstaatstheorie keine Rolle spielt. Die Gewebezelle ist hier nach meinem Ausdruck »hypomorph« geworden, während die frei lebende Zelle Eigengestalt besitzt und sich »automorph« verhält.

Weiterhin mache ich darauf aufmerksam, daß die Erscheinungen der Polarität an den beweglichen Zellen die Flüssigkeitshypothese des Plasmas völlig ausschließen; auch bei ihnen muß eine spezifische Organisation vorhanden sein, welche dauernd besteht, aber in sich selbst unter den Erscheinungen eines teilweisen Abbaues und Wiederaufbaues einer ständigen Rekonstruktion unterliegt (Katachonie und Epanorthose, Plasma u. Zelle, S. 1109). Ramon y Cajal zeigte zuerst, daß das Spitzenwachstum des aus dem Neuroblasten auswachsenden Axons unter amöboiden Veränderungen vor sich geht, und Harrison beobachtete diese Erscheinungen im Leben; das Produkt dieser Veränderungen ist der fest definierte neurofibrilläre Axon (vgl. Plasma u. Zelle, II, S 791 ff.). Man stelle sich vor, daß ein ähnlicher Vorgang in den beweglichen Protoplasmen der Rhizopodon- und Pflanzenzelle jederzeit statthat, welcher jedoch im Prinzip reversibel ist, so daß ebenso jederzeit gewisse Mengen in sich verschieblichen Plasmas zurückgewonnen werden, die wiederum an anderer Stelle zu neuem Aufbau verwendet werden, so haben wir bereits die Grundzüge einer Theorie der beweglichen Protoplasmen.

Hier schalte ich die Zwischenbemerkung ein, daß die Erscheinungen der Polarität entwicklungsgeschichtlich wahrscheinlich mit den Arten des embryonalen Spitzenwachstums der betreffenden Teile in Zusammenhang stehen (ähnlich wie beim Axon). Bei Pflanzen, Hydroidpolypen und metameren Würmern, welche polar organisiert sind, haben wir ein solches Spitzenwachstum unter irgendeiner Form. Es ist mir aber gegenwärtig nicht möglich, diese Beziehung wissenschaftlich in genauer Weise klarzulegen.

Daß bei den einfachen Formen der Algen und bei den Keimen tierischer Geschöpfe die Erscheinungen der Polarität unter sich vergleichbar sind, wurde schon weiter oben durch die Aufstellung der Parallelen zwischen den Arbeiten von Miehe einerseits, Driesch und Boveri andererseits näher ausgeführt. Gehen wir darüber hinaus, so gelangen wir im Tierreiche zu den polypenartigen Geschöpfen, bei denen die »Polarität« wegen der Unterscheidbarkeit eines apikalen und eines basalen Teiles deutlich ausgesprochen ist. Diese bewährt sich nun in ausgesprochener Weise bei den Versuchen über Regeneration. Wird bei dem Hydroidpolypen *Tubularia*, einem der Hauptobjekte Drieschs, ein Stück des Stammes an einer beliebigen Stelle herausgeschnitten, so wird der Mund samt dem umgebenden doppelten Tentakelkranze jedesmal aus dem an die Wundfläche angrenzenden apikalen Stücke des Stammes wieder hervorgebildet. Der Stamm des Polypen besitzt mithin eine bestimmte Richtungsorganisation, welche für den Ort der Wiedererscheinung des Polypenköpfchens maßgeblich ist.

Auch bei den Würmern haben wir eine ausgesprochene Polarität. Wird ein Ringelwurm (*Lumbriculus*) in der Mitte durchschnitten, so erhält man ein Vorderstück und ein Hinterstück, jedes begrenzt durch eine Wundfläche. Bei eintretender Regeneration ergänzt das Vorderstück den fehlenden hinteren, das Hinterstück den vorderen Teil, also ganz ähnlich wie bei *Stentor* (vgl. oben). Hier wie dort ist mithin die Regeneration eine Funktion des restierenden Abschnittes, und, da die Querschnittsebene vom Experimentator in weiten Grenzen beliebig gewählt werden kann, so haben wir auch hier eine bestimmte Richtungsorganisation innerhalb des Tieres, welche unter den Begriff der Polarität fällt.

Ich komme nun wiederum auf mein eigenes Untersuchungsobjekt zurück, auf diese bestimmte Form der baumartig verzweigten Drüsen des Menschen und der Säuger. Es fiel mir auf, daß sie eine allgemeine Parallele mit den verzweigten Stöckchen der Hydroidpolypen zulassen (Adenomeren, S. 129), und so stellte sich wie von selbst die Frage, ob man auch bei ihnen eine allgemeine Richtungsorganisation oder Polarität anerkennen kann. Der angezogene Vergleich beruht im wesentlichen darauf, daß in beiden Fällen ein typisches Spitzenwachstum statthat, wobei an den Enden der Zweiglein die besonderen Individuen, Hydranthen und Adenomeren, sitzen, welche durch Knospung bzw. Teilung vermehrungsfähig sind.

Dem allgemeinen Ansehen nach besitzen nun die in Frage stehenden Drüsen allerdings eine gewisse »Polarität«, denn man ist gezwungen, bei ihrer morphologischen Beschreibung die Richtungen basalwärts und apikalwärts in bestimmter Weise zu unterscheiden, ähnlich wie bei Pflanzen und Pflanzentieren. Auch in der Entwicklung tritt die Form der Polarität einigermaßen deutlich hervor, da die aus der Längsteilung hervorgehende Tochteradenomere jedesmal danach an ihrer Basis ein neues Stengelglied absetzt, wodurch sich die von mir sogenannte Schizomerie erzeugt, die ihrerseits wiederum in Analogie zu der einfachen Metamerie steht, wie wir sie bei den polar organisierten Ringelwürmern beobachten. Am besten wäre es jedesfalls, wenn man die physiologische Polarität der Drüsen durch das Experiment nachweisen könnte. Aber es ist sehr die Frage, ob dahin zielende Versuche zu einem schlagenden Erfolge führen würden. Man kann jedoch die Sache noch von einer anderen Seite her betrachten. Wir sind nämlich jedesfalls ermächtigt zu behaupten, daß die physiologische Polarität auf einer bestimmten Form der Syntonie beruhen wird. Nun haben wir aber bei genauerer Betrachtung in den Drüsen zusammengesetzte Histosysteme, denen ein nach Richtungen des Raumes orientierter syntonischer Zustand entsprechen wird, da nach meinen Erfahrungen die typischen Entwicklungsprozesse bei den Drüsen immer spitzenwärts beginnen und sich basalwärts fortsetzen, was an der Art der Spaltungen und der ihnen folgenden Kaliberzunahme der Gänge am besten erkenntlich wird. Wir kämen mithin auf diese Weise wiederum auf eine bestimmte Polarität der Organisation der Drüse zurück.

Schließlich bleibt mir noch übrig, darauf aufmerksam zu machen, daß die Polarität aller irgendwie höher entwickelten Geschöpfe, also schon die der Hydroidpolypen und der Würmer, ebenso die der Drüsen, jedenfalls von anderer Ordnung ist als die Polarität der Zellen oder einfachster pflanzlicher Gebilde, bei denen sich die Polarität der Zelle mit derjenigen der Totalität des Geschöpfes deckt. Denn schon bei den Hydroidpolypen haben wir im Ektoderm und Entoderm zwei epitheliale röhrenartige Leibesschichten, zu welchen bei den Würmern vergleichsweise mächtig entwickelte Mesodermbildungen hinzutreten. Wenn also bei derartigen Geschöpfen oder auch bei zusammengesetzten Organen, wie es die Drüsen sind, eine »Polarität« nachweisbar ist, so bezieht sie sich doch auf eine höhere Ordnung des Seins, und es wäre demgemäß eine besondere Aufgabe, die einzelnen Gewebe, welche in den Bestand zusammengesetzter Formen eingehen, auf das eventuelle Vorkommen einer einfacheren Richtungsorganisation zu prüfen. Hierher gehören zweifelsohne meine früheren Bestrebungen an den Epithelien (vgl. oben S. 20 f.).

L. Der Begriff der Potenz.

Zweifellos ist es eine schwierige Aufgabe, den Begriff der Potenz genauer zu bestimmen. Meiner Meinung nach handelt es sich in der Potenz gegenwärtig um einen biologischen Grundbegriff von allgemeiner Art, dem wir einstweilen möglichst wenig besondere Merkmale zuschreiben sollten, solange bis wir gereifter an Erfahrung sind. Ich halte es für das sicherste, d. h. ich glaube fehlerfrei zu bleiben, wenn ich den Begriff der Potenz mit den Worten »mögliches Schicksal« umschreibe, entsprechend der Grundauffassung von Driesch; denn es handelt sich um ein latentes Vermögen, in welches die normale Entwicklung, alle Arten der Restitution, ferner die Variationen einschließlich der Naturspiele und der Teratologie, aber auch die pathologischen Gewebsbildungen, bei Pflanzen z. B. die spezifischen Formen der Gallen, mit eingeschlossen sind. Zweifellos wird die Potenz bestimmt durch die Stammesgeschichte des Organismus, wobei die Anerkennung der Deszendenzlehre in einem allgemeinen Rahmen vorausgesetzt wird. Die Potenz enthält mithin eine »historische Reaktionsbasis«, und in diesem Sinne ist sie »retrospektiv«. Aber sie trägt einen Januscharakter an sich, indem sich ihr Antlitz teils

nach rückwärts, teils nach vorwärts wendet. In diesem Zusammenhange betrachtet, ist das Verhältnis der Potenz zur Variation von besonderer Bedeutung; denn durch Variation erzeugen sich neue Eigenschaften, und so beruhen auf ihr die Fortschritte der phylogenetischen
Entwicklung. Etwas also, was vorher nicht da war, geht aus der Potenz
hervor, aber man darf darum nicht sagen, daß die Variation der historischen Basis entbehre, denn sie beruht auf einer zwingenden Dynamik
der Entwicklung. Es liegt also kein Widerspruch vor, wenn aus der
Potenz einerseits ererbte Formen, andererseits Bildungen neuer Art
hervorgehen. Denn vererbt werden offenbar nicht die körperlichen
Eigenschaften selbst, sondern die Formen der Entwicklung. Kern
und Plasma bilden nur eine causa materialis mit historisch bestimmtem
Artcharakter, aus welcher die gestaltenden Kräfte, die causae efficientes,
hervorgehen, nämlich besondere Wechselwirkungen, welche wir unter
der Gesamtbezeichnung der Syntonie zusammengefaßt haben, ohne ihr
Wesen, wie es selbstverständlich ist, auch nur annähernd vollständig
zu kennen. Diese Aufstellung allgemeiner Grundbegriffe kann kein
Fehler sein; ich sehe vielmehr einen besonderen Vorteil darin, daß solche
Begriffe allgemeiner Natur durch die fortschreitende Erkenntnis einer
allmählichen genaueren Ausgestaltung fähig sind, ohne unsere Wissenschaft in ihren ferneren Bestrebungen irgendwie einzuengen. Dagegen
halte ich es im allgemeinen nicht für richtig, solche Begriffe allgemeiner
Natur zu stark zu zergliedern und aus ihnen viele Ableitungen auf die
Gegenstände zu machen, wie dies bei Driesch betreffend der Potenz
geschieht (explizite, implizite, determinierte, komplexe, primäre, sekundäre Potenzen).

Der Begriff der Potenz darf nicht in dem Sinne verstanden werden,
als ob das Ei in irgendeiner Weise bereits die wohldefinierte Anlage
des Geschöpfes in sich enthielte. Man darf nicht, wie Driesch sich
ausdrückt, das, was späterhin durch einen langwierigen Prozeß entsteht,
in das Ei hineinphotographieren wollen; und in diesem Sinne hat Driesch
durch seine Versuche und durch seine Kritik die Weismann-Rouxsche
Determinantenlehre und die aus ihr abgeleitete Lehre von der erb-
ungleichen Teilung der Kerne widerlegt. Was an Gestaltungen in der
Entwicklung erzeugt wird, entsteht durch Epigenese, wie dies auch

Oskar Hertwig immer betont hat; alle besonderen Bestimmungen werden durch die Kräfte der Korrelation, durch die histodynamischen Wirkungen bedingt, deren Entfaltung aus der Vermehrung gegebener Formwerte und ihrer Synthese in aufsteigenden Ordnungen der Entwicklung hervorgehen: dynamische Theorie der Entwicklung. Daß dem so ist, sehen wir alle Tage. Denn vererbt wird im Grunde genommen nicht die bestimmte Gestalt und Organisation irgendeines Organes, also beispielsweise nicht eine bestimmte Darmzotte, eine bestimmte Niere und eine bestimmte Hand, sondern ein materieller Urgrund der Entwicklung und eine in der Potenz enthaltene Dynamik des Entwicklungsgeschehens. Darum ist das Corpus villosum im Darme von Individuum zu Individuum verschieden, ebenso wie die Niere, und es kommen auch Hände mit vier und sechs Fingern vor, welche im übrigen wohlgebildet und leistungsfähig sind. Mithin gestaltet sich das Resultat ganz und gar nach der Abfolge der dynamischen Zustände. Kommt die Entwicklung zum Stillstande und untersuchen wir aufmerksam den fertigen Körper, so finden wir allenthalben Spalt- und Zwillingsbildungen der Teile, und zwar tausendfach, wie ich dies ausführlich in meinen Schriften gezeigt habe. Vererbt werden aber gewiß nicht diese Zwillingsbildungen, sondern die besondere Dynamik der Teilung aller wahren Formwerte und ihrer Synthese in Organisationen oberer Ordnung; daher ist das Vorkommen der Zwillinge selbstverständlich und nur eine Folge des erblich überkommenen Prozesses.

Die Potenz des befruchteten Eies deckt sich **nicht** mit der Anlage eines bestimmten Individuums. Werden die Furchungszellen isoliert, so entwickelt sich eine jede in der Richtung der Totalität des Geschöpfes. Werden die befruchteten Eier syntonisch zusammengefügt, so entsteht nur ein Individuum. Das Ei von *Lumbricus trapezoides* teilt sich auf dem Gastrulastadium und liefert in der natürlichen Abfolge der Dinge immer zwei Embryonen; ebenso ist die Blastula eines Hydroidpolypen (*Oceania*) der Fortpflanzung durch Teilung fähig, und bei den Gürteltieren liefert der Keim durch vielfache Teilung eine Mehrzahl gleichgeschlechtlicher Geschöpfe. Mithin steht das befruchtete Ei in keiner fest definierten Beziehung zur Anzahl der Individuen, die später aus ihm hervorgehen; genau beurteilt, enthält das

Ei vielmehr der Potenz nach eine unbestimmte Anzahl von Geschöpfen. Wir gelangen also wiederum zu dem Schlusse, daß in der Entwicklung alle besonderen Bestimmungen sich der Reihe nach durch die Wirkung von Kräften ergeben, welche in bestimmter Abfolge allmählich sich entbinden.

Demnach ist die Potenz, wie schon oben erwähnt wurde, ein latentes Vermögen, und zwar vielseitiger Art. Betrachten wir im Verhältnis hierzu die Valenz, den tatsächlich wirksamen Zustand, welcher die Ontogenese von Moment zu Moment bestimmt, so zeigen die Isolationsversuche von Driesch, daß der Ausgang der Entwicklung eine einzelne Zelle oder ein Komplex von Zellen sein kann, welcher syntonisch unter sich verbunden ist. Dies ist auch die Meinung Vöchtings (zit. nach Korschelt), welcher sich ausdrückt wie folgt: »In jedem größeren oder kleineren Komplex von Zellen, zuletzt in jeder Zelle [sind] die inneren Bedingungen vorhanden, unter denen sich bei geeigneten äußeren Faktoren das Ganze aufbauen kann.« Im Mindestfalle genügt also eine einzelne Zelle mit ihrem Kern und, da der Plasmaleib im Prinzipe regenerationsfähig ist, so könnte unter Umständen eventuell ein Kern mit einer dem Proportionalitätsgesetze anfänglich nicht entsprechenden Plasmamasse genügen. Dagegen haben wir keine Kenntnis davon, ob und inwieweit der Kern nach eingetretenem Defekte wiederherstellungsfähig ist. Boveri hält die Chromosomen für unregulierbar, — weil nämlich eine gegenteilige Ansicht mit den gegenwärtigen Grundprinzipien der Vererbungslehre im Widerspruch stehen würde. Die Versuche von Richard Hertwig über Ausstoßung von Chromatin aus dem Kern bei sinkendem Plasmavolumen dürften jedoch vielleicht Anknüpfungspunkte für neue Versuche über die Regulierbarkeit der Kernsubstanz an die Hand geben.

Die Beobachtungen in der Natur und zahlreiche experimentelle Erfahrungen besonders der neueren Zeit haben also ergeben, daß nicht nur die Eizelle, sondern auch die Blastomeren tierischer Keime und bei den Pflanzen viele Arten von Gewebezellen, besonders des Thallus der Kryptogamen, der Blätter, des Cambiums usf. die Fähigkeit haben, die Totalität des Geschöpfes wiederum hervorzubringen. Daraus hat man den Begriff der Totipotenz der Zelle abgeleitet, d. h. man nimmt an, daß im Grunde genommen jede tierische und pflanzliche Zelle das latente Vermögen zur Entwicklung des Ganzen in sich einschließe. Diese Folgerung scheint für die Pflanzen, deren außerordentliches Reproduktionsvermögen allerseits bekannt ist, besser gesichert zu sein als für die tierischen Geschöpfe. Aber auch bei diesen ergeben sich allerhand Umstände, welche eine Schlußfolgerung in gleicher Richtung gestatten. Hier sind in besonderem Grade erwähnenswert die Tatsachen der sogenannten Umdifferenzierung, bei welcher die Herkunft des Regenerationsmateriales in bestimmten Experimentalfällen in Frage steht. Es gilt zwar (zitiert nach Korschelt) im allgemeinen der Satz: Gleiches stammt von Gleichem ab, also Körperepithel von Körperepithel, Darmepithel von Darmepithel usf., aber es kann unter gegebenen Bedingungen auch anders kommen, denn die durch Regeneration zu entwickelnden Teile sind ihrer Abstammung nach im äußersten Falle nicht einmal auf das Material bestimmter Keimblätter beschränkt. Hierfür einige Beispiele: 1. Bei gewissen Anneliden entstehen Vorderdarm und Enddarm vom Ektoderm her; wird der Wurm durchteilt, so bilden sich jedoch die nämlichen Darmabschnitte aus dem Entoderm; 2. bei gewissen Nemertinen bilden kleinere Abschnitte des Vorderendes, welche zwischen Gehirn und Mundöffnung liegen, also nichts vom Gehirn und Darmkanale enthalten, eben diese Teile aus einem Materiale hervor, welches der Herkunft nach von anderer Beschaffenheit ist als in der normalen Ontogenese; 3. bei den Planarien geht der Pharynx ontogenetisch aus dem äußeren Keimblatte hervor, bei der Regeneration aber aus mesodermatischem Materiale. Tatsachen dieser Art weisen unmittelbar darauf hin, daß die ursprünglich vorhandene Totipotenz der Blastomeren bei Gelegenheit der Keimblattbildung nicht vollständig verschwindet, sondern latent sich erhält, weil eben im Falle experimentellen Zwanges besondere Valenzen freigemacht werden können, welche sich sozusagen als Teilausschnitte aus jener Totipotenz darstellen.

Die Versuche über Regeneration und Umdifferenzierung von solcher Art, wie sie vorhin in einigen Beispielen besprochen wurden, beweisen auch ganz offenbar, daß in bezug auf das entwicklungsgeschichtliche Vermögen die etwa schon vorhandene funktionelle Differenzierung der Zellenleiber keine absolut bestimmende Rolle spielt, weil sie nämlich

gelegentlich sich als reversibel herausstellt. Vielmehr ist die Potenz
lediglich ganz allgemein gegeben durch eine spezifische Zusammen-
wirkung von Kern und Plasma, welche dem Artcharakter entsprechend
ist. Daher besteht hinsichtlich der Potenz auch kein prinzipieller Unterschied zwischen Gewebe- und Geschlechtszellen. Diese Tatsache kennzeichnet sich in einer äußerlichen Weise auch dadurch, daß nach der
Entdeckung Flemmings das Eierstocksei der Säuger durch Intercellularbrücken mit den Granulosazellen der Umgebung verbunden ist.
Das unreife Ei verhält sich demzufolge wie eine Gewebezelle und dürfte
den korrelativen Wechselwirkungen der Umgebung unterworfen sein.

Wenn nun die Frage sich stellt, ob man eine universelle Totipotenz
aller Zellen anerkennen soll, so möchte ich mich dahin bescheiden zu
sagen, daß wir sie wenigstens als Grundlage der Betrachtung für
die Theorie der Entwicklung aller einfachen Lebensformen annehmen
können. Ein außerordentlicher Kreis von Tatsachen, welcher allmählich
auf den verschiedensten Gebieten der Biologie tierischer und pflanzlicher
Geschöpfe zutage getreten ist, deutet mit aller Bestimmtheit darauf hin,
daß jene Totipotenz wenigstens in den niederen Formenkreisen ein
character indelebilis der kernhaltigen Plasmamasse ist, und die Zelle
repräsentiert nur die Mindestquantität dieser Masse, welche praktisch
in Frage kommen kann. Gehen wir auf die äußersten Prinzipien, so
können wir sagen: es besteht in Rücksicht auf die Totipotenz kein
Unterschied zwischen einer befruchteten Eizelle, einem syntonisch in
sich verbundenen Zellenkomplexe und dem experimentell erhaltenen
Fetzen einer *Planaria*; wenn überhaupt eine Entwicklung beginnt, so
geht das valente Vermögen, das Gefälle der wirksamen Kräfte, auf der
Basis einer Kern-Plasmamasse jedesmal zwangsläufig auf die Herstellung
der Totalität. »Erklärbar« ist dies Verhalten einstweilen nicht; es
handelt sich vielmehr um Eigenschaften, die dem Lebendigen immanent
sind und in ihrer Wurzel mit dem Problem der Entstehung des Lebens
zusammenhängen. Solange entgegen den Forderungen der Deszendenztheorie das **Axiom** Geltung hat, daß Lebendiges nur von Lebendigem abstammen kann, wird es für uns immer gewisse immanente Eigenschaften des Lebens geben, welche lediglich als Tatsachen hingenommen werden müssen. Demgegenüber besteht unsere

Aufgabe darin, den Kreis dieser Tatsachen möglichst weit einzuengen und genauer zu bestimmen, welches die einstweilen unerklärbaren Grundeigenschaften sind, von denen alle weiteren Berechnungen auszugehen haben.

Wie aus den experimentellen Arbeiten hervorgeht, unterliegt die totipotente Zelle, wenn der Keim im Laufe der Entwicklung stufenweise in höhere Grade der Mannigfaltigkeit übergeht, der Regel nach einer fortschreitenden Einschränkung ihrer Potenz. Dies erklärt sich nach meiner Theorie dadurch, daß die einzelne Zelle ebenso stufenweise zurücksinkt unter die durch Synthese sich entwickelnden Histosysteme oberer Ordnungen. Die einzelne Zelle entfernt sich somit, symbolisch gesprochen, immer mehr von der Totalität des Geschöpfes und wird den Teilverfassungen nachgeordneter Histosysteme unterworfen. Die in Rede stehende Einschränkung der universellen Totipotenz ist demgemäß von zweierlei Art. Auf einer ersten Stufe, bei den Blastomeren oder bei einfach gearteten pflanzlichen Lebewesen, kann man durch Hinwegräumung der Hindernisse, durch die Aufhebung des syntonischen Zustandes, die Totipotenz zum Vorschein bringen. Auf einer zweiten Stufe, bei tierischen Geschöpfen von den Keimblättern angefangen, ist dies der Regel nach nicht mehr möglich, und wir erhalten eine dauernde Hemmung des entwicklungsgeschichtlichen Vermögens. Jedoch können bedeutende Reste der ursprünglichen Totipotenz erhalten bleiben und gelegentlich zur Geltung gelangen. Hierher gehören 1. die oben erwähnten, bei der Umdifferenzierung hervortretenden Potenzen; 2. die von Driesch sogenannte Omnipotenz, d. h. die Fähigkeit der einzelnen Zelle, überhaupt alle im Bereiche eines Keimblattes liegenden entwicklungsgeschichtlichen Produktionen besorgen zu können; 3. die von mir sogenannte Totipotenz in bezug auf das zugeordnete Histosystem, d. h. das Vermögen einer einzelnen Zelle, ein solches Histosystem auf dem Wege der adventiven Knospung hervorzubringen (vgl. oben S. 53ff.). Die Zelle erscheint in letzterem Falle wiederum als ein Geschöpf ihres Systems, weil sie dieses wiederholt und somit hinsichtlich ihres Vermögens an die Formen ihres Kreises gebunden ist. Die vorstehenden Erörterungen über Totipotenz verlieren auch dann nicht an Wert, wenn andererseits anerkannt wird, daß bei höher gebildeten Geschöpfen im Laufe der Ontogenie die Zellen in feste Formen geprägt werden, welche eine Totipotenz universeller Art ausschließen. Dies lehren uns die zahllosen Erfahrungen der menschlichen Pathologie über die Metastase der Geschwulstzellen. Denn bei Gelegenheit der Ablösung der Geschwulstkeime werden diese der syntonischen Einwirkung der Gewebe entzogen und auf sich selbst gestellt. Sie entwickeln sich aber nicht mehr in der Richtung der Totalität, wohl aber häufig in der Richtung nach den Formen der untergeordneten Teilsysteme, denen sie entstammen, also ähnlich wie die Speicheldrüsenzelle, welche nach unserem Ausdruck »Totipotenz in bezug auf ihr System« besitzt.

M. Schluß.

Ich halte es nicht für nötig, die Ergebnisse der vorstehenden Arbeit noch einmal in systematischer Aufrechnung zusammenzufassen. Ein solches Beginnen würde eine gedrängte Wiederholung meiner Darstellung zur Folge haben, welche überflüssig erscheint. Aber es ist vielleicht für den Leser von Wert, wenn ich auf die leitenden Gesichtspunkte zurückkomme, die mir seit Jahren bei meinen Arbeiten vorgeschwebt haben, und mich darüber äußere, welche grundlegenden Änderungen in theoretischer Hinsicht erreicht worden sind.

Meiner Meinung nach ist das Zeitalter Schwanns nunmehr definitiv zu Ende gegangen. Es war eine Periode unserer Wissenschaft, in welcher die Analyse als Methode und als Theorie das Feld beherrschte, wo an der Hand des Mikroskopes durch Auflösung unseres Körpers in seine Bestandteile bis zur Grenze des optisch Erreichbaren dessen empirische Zusammensetzung ermittelt wurde. Die leitenden Gesichtspunkte ergaben sich dabei im wesentlichen aus der Betrachtung der Struktur im Verhältnis zu den ökonomischen oder Betriebsfunktionen, und so entstand die moderne Histologie samt ihrer Abzweigung der sogenannten Histophysiologie.

Findet man in alten Büchern Äußerungen über den Begriff der Histologie, so wird sie definiert als Lehre von den elementaren Formbestandteilen, eine Kennzeichnung, die zweifellos das Richtige trifft, weil die Histologie ihrem Ursprunge nach rein analytischer Natur ist und diesen ihren Charakter auch bis in die neueste Zeit hinein beibehalten hat, und zwar, um dies noch hinzuzufügen, im übelsten Sinne des Wortes.

Sie hat die wunderbaren Formen der lebendigen Körper aufgelöst und einen Trümmerhaufen aus ihnen gemacht, ohne der Theorie der Formen irgendwie näherzukommen. Sie hat es als ihre Aufgabe angesehen, zahllose Geschöpfe, Organe und Teile in ihre Bestandteile zu zerlegen und unermeßliche Mengen von Einzelkenntnissen aufzuspeichern, aber dabei übersehen, daß aus der Analyse allein keine Wissenschaft der Formen gemacht werden kann. Und wiederum geht die Betrachtung des Verhältnisses von Struktur und Funktion an dem zentralen Bereiche der Morphologie vorbei, denn für uns handelt es sich darum, eine Aufklärung über Dasein und Herkunft der Gestaltungen zu gewinnen, welche die Natur in den beiden Reichen der lebendigen Wesen täglich in unerhörter Fülle hervorbringt. Und so ist die Histologie, weil sie bei der Analyse verblieb, im Laufe der Jahrzehnte vollständig veraltet; denn sie ist, weil analytisch, lediglich formaler Natur und stellt Bruchstücke unseres Körpers in Parallele, die der Struktur und der Entwicklung nach wenig miteinander gemein haben (man vergleiche: Epithelgewebe, Nervengewebe, Bindegewebe und das »Gewebe« der quergestreiften Muskulatur).

Demgegenüber war es mein Bestreben, aus der Morphologie eine Wissenschaft zu machen mit eigenem Bereiche, also unabhängig von der Physiologie der ökonomischen Funktionen. Denn obwohl und gerade weil ich selber physiologisch sehr stark belastet hin, ist mir klar geworden, daß die Morphologie nicht immer eine Hilfswissenschaft der Fachphysiologie, auch nicht immer eine Dienerin der Heilkunde in allen ihren Zweigen bleiben kann. Vielmehr bedarf der Morphologe eines ihm eigentümlichen Gebietes, auf welchem er sich heimisch fühlt und auf welchem er schlechthin maßgeblich ist. Hiermit glaube ich die Stimmung der Zeit zu treffen.

Weiterhin steht nach der Entwicklung unserer Literatur in den letzten Jahrzehnten völlig fest, daß die Morphologie niemals eine Wissenschaft werden kann, wenn sie deskriptiv bleibt und bei der Analyse verharrt; vielmehr muß die genetische oder Entwicklungsphysiologie (Embryodynamik) hinzugenommen werden, wenn die biologische Bedeutung der Formen dem Verständnis nähergebracht werden soll. Die hier sich bietenden Probleme sind aber meiner Meinung nach nicht lösbar auf dem Wege der bisher betriebenen »Entwicklungsmechanik«, weil diese ihr Vorbild sucht in den sog. exakten Wissenschaften und in erster Linie die analytisch arbeitende Physik zum Muster nimmt; vielmehr muß die neue Morphologie ihre Grundlage auf dem ihr eigenen Felde finden, durch die fortgesetzte Beobachtung der Verhältnisse der Organisation, welche einerseits in den fertigen Zuständen, andererseits in den Vorgängen der Entwicklung enthalten sind (vergl. oben S. 31). Dabei wird der moderne Morphologe, wenn er in richtiger Weise vorgeht, in seiner Art nicht weniger exakt sein als der Anorganiker auf dem Felde der Physik und Chemie. Diese neue Morphologie habe ich als Synthesiologie bezeichnet, weil sie in der äußersten Grundlage auf der Einsicht beruht, daß alle Entwicklung auf eine besondere Art der Synthese zurückgeht, durch welche von den letzten lebendigen Teilchen angefangen die Natur in Systemen steigender Ordnung sich heraufarbeitet bis zur vollendeten Totalität des Geschöpfes. Diese Synthesiologie ist im Grunde genommen weder Morphologie noch auch Entwicklungsphysiologie, sondern sie ist beides zugleich, wie es denn immer mein Credo gewesen ist, daß Anatomie und Physiologie eine untrennbare Einheit bilden. Die Synthesiologie umfaßt somit auch die Lehre von den Kräften, welche die Entwicklung und den fertigen Zustand der Formen bedingen; letztere kann man aber nicht auf dem Felde der Physik suchen, sondern nur im Umkreis des Lebendigen, obwohl anzunehmen ist, daß diese Kräfte später einmal »analogienhaft« nach dem Vorbilde der Physik beschreibbar sein werden.

Die Beobachtung der Fortpflanzungserscheinungen ist der große Hebel gewesen, der es ermöglicht hat, in dieses neue Gebiet einzudringen; aus den Zuständen und Veränderungen, welche morphologische Individualitäten bei Gelegenheit ihrer Vervielfältigung erleiden, ergab sich der Begriff der Histosysteme und einer ihnen zugrunde liegenden genetischen Verfassung gleichwie von selbst. Aus der weiteren Beobachtung, daß Systeme niederer Ordnung zu abermals teilbaren Systemen oberer Ordnung zusammentreten, folgte mit ebenso großer Notwendigkeit der Begriff der »Synthese im Lebendigen« (Organosynthese), welcher aus unserer Literatur, nachdem er einmal ergriffen worden ist, niemals wieder verschwinden wird. Wenn ein großer Säuger dem

Volumen nach mehrere hundert Milliarden Mal umfänglicher ist als das Ei, von welchem die Entwicklung ausging, alles durch Formen der Organisation, durch welche eine unübersehbare Menge der verschiedensten Gestaltungen geschaffen wird, so erkenne ich hierin unter Vernachlässigung aller Einzelheiten den wesentlichsten Charakterzug aller Entwicklung, denn diese Formen der Organisation, welche das lawinenartige Anschwellen der lebendigen Masse in der Entwicklung begleiten, können nur Formen der Synthese sein, wobei im übrigen die Grundeigenschaften der lebendigen Materie als gegeben hingenommen werden müssen.

Daß ein großer Teil der organosynthetischen Vorgänge mit den Fortpflanzungserscheinungen untrennbar verbunden ist, glaube ich gezeigt zu haben. Aber es kommen noch andere Arten der Synthese in Betracht, vornehmlich, wenn der Inhalt der Zelle selbst das Objekt der Untersuchung ist. Hier denke ich in erster Linie an den Aufbau der protoplasmatischen Strukturen, welche so oft unter unseren Augen aus der lebendigen Matrix des Zelleibes sich herausdifferenzieren. Sie bedeuten im Sinne meiner Theorie eine Organisation oder Synthese unter den letzten Formeinheiten der lebendigen Materie, den Protomeren (Epanorthose, Plasma u. Zelle, II, S. 1101).

Weiterhin ist im vorstehenden der Nachweis erbracht worden, daß auch auf experimentellem Wege eine Organosynthese eingeleitet werden kann, wie die sog. Verschmelzungsversuche beweisen. Als Gegenbeispiel hierzu ist die Tatsache von höchster Bedeutung, daß ebenso auf experimentellem Wege gewebliche Verbände »analytisch« aufgelöst und in eine Summe selbständiger Zellen zurückverwandelt werden können (Versuche von Miehe). Und wiederum haben wir freiwillige Vorgänge gleicher Art in der Natur, und zwar in den Erscheinungen der Dissoziation geweblicher Systeme, wie sie gelegentlich hier und dort, z. B. bei der Pollen- und Sporenbildung, zur Beobachtung gelangen (vgl. Adenomeren, S. 174); diese »autoanalytischen« Prozesse sollten aus dem in unserer Literatur vorliegenden Materiale herausgesondert und einer kritischen Beurteilung unterzogen werden. Unter anderem dürften auf dem Territorium der Zelle selbst die Vorgänge der Einschmelzung protoplasmatischer Strukturen hierher gehören (Katachonie, Plasma u. Zelle, II, S. 1101).

Unter Zugrundelegung der synthetischen Anschauungsweise kommen wir ferner zu der allgemeinen Folgerung, daß die Organisation der Systeme in ihrer äußeren Gestalt zur Erscheinung gelangt. In den typischen Fällen decken sich sozusagen systematisierter Inhalt und äußere Form. So löst sich das alte Problem des besonderen Verhältnisses vom Teil zum Ganzen in einer neuen Weise auf, anders als in der Zellenstaatstheorie, denn die Zelle ist dem System formal untergeordnet, sie ist Teil einer übergeordneten Form geworden. Die typischen Gestaltungen des Lebens sind demgemäß von den Arten der Synthese abhängig, und zwar sowohl in der Totalität des Geschöpfes wie in den Organen und einzelnen Teilen, in der Zelle selbst und sogar im Bereiche der protoplasmatischen Strukturbestandteile. Demgemäß haben wir überall eine gewisse Regel des Seins, eine natürliche Verfassung, einen Kanon der Formen vor uns, in der Entwicklung sowohl wie beim fertigen Geschöpfe. Und es liegt diesem Kanon der Formen ein gewisses System der Kräfte zugrunde, dessen physische Natur bisher unbekannt war und nur unter Zuhilfenahme des Begriffes der Korrelationen andeutungsweise umschrieben werden konnte. So war es meine Aufgabe, diese Kräftewirkungen etwas näher zu kennzeichnen, und es ergab sich aus der Lage der Dinge ganz von selbst, daß sie nur aus dem Leibe der Zelle, in letzter Linie der Eizelle, abstammen können. Nun haben wir aber in der Zelle sehr bestimmte korrelative Beziehungen zwischen Kern und umgebendem Plasma, welche die Regel der konstanten Proportionen bedingen. Ich mußte also von hier den Ausgang nehmen und konnte zeigen, daß dieses Verhältnis rein dynamischer Natur ist und einem Dauerzustande entspricht, den ich als Syntonie bezeichnet habe. Letztere besteht gleicherweise im Leibe der ein- und mehrkernigen Zellen und bleibt bei Gelegenheit der Zellenteilung als intercelluläre Beziehung erhalten. So schließt sich der Kreis unserer Betrachtungen, indem wir nunmehr die experimentellen Arbeiten über Verschmelzung von Zellen und über Auflösung des Kanons der Formen auf die Herstellung bzw. Aufhebung der syntonischen Zustände beziehen. Ich brauche dies nicht näher auszuführen, nachdem wir im Texte der Arbeit von diesem Gegenstande ausführlich gehandelt haben.

Im großen und ganzen bin ich der Meinung, daß meine Ausarbei-

9*

tungen eine große Anzahl neuer Beziehungen im Bereiche der Biologie klargelegt haben und daß wir in ihnen die Grundlage einer neuen theoretischen Anschauung über die Welt der organischen Formen glücklich gewonnen haben.

Auf eine besondere Stellungnahme zum Vitalismus will ich in dieser Arbeit verzichten, obwohl sie durch das große naturphilosophische Werk Drieschs jedem Biologen nahegelegt worden ist. Aus dem in Betracht kommenden Fragenkomplex will ich nur wenige Punkte herausgreifen.

Zunächst habe ich den Wunsch, mich darüber auszusprechen, ob die mechanistische Naturauffassung, welche mit der Kategorie der Kausalität arbeitet und in ihr das alleinige Heil sieht, ausreichend ist für die Naturerkenntnis. Dies ist nach meiner Ansicht nicht der Fall. In den exakten Naturwissenschaften arbeiten wir mit dem äußeren Sinn, d. h. mit jenem psychischen Vermögen, welches sich erstreckt auf die Orientierung in der umgebenden Welt. Immer gelangen wir bei dieser Art der Naturerkenntnis auf Massen und Kräfte. Die Kräfte aber, welche die Massen bewegen, sind unerkannt und unerkennbar. Sie durchschreiten in letzter Linie überall die leeren Räume, ob es sich nun um den fallenden Stein oder um das Elektron handelt, welches von dem zentralen Kern des Atoms angezogen wird. Demgemäß sind sie fiktiver Natur und, meiner Meinung nach, von metaphysischer Art, unerkannt und nur in ihren Wirkungen spürbar. Daher ruhen Physik und Chemie auf einem Untergrunde, welcher jenseits aller direkten Erfahrung liegt. Das hier vorliegende Problem dürfte naturwissenschaftlich überhaupt nicht, wohl aber erkenntnistheoretisch auflösbar sein.

Da dem so ist, hat der Biologe um so mehr das Recht und die Pflicht, auf dem ihm eigenen Gebiete in durchaus selbständiger Weise vorzugehen, die Tatsachen zu sammeln, zu sondern und theoretisch zu verwerten, wobei die kausale Art der Betrachtung unvermeidlich ist, weil sie eine gegebene Form des Verstandes ist. Was in diese Form hineingeht, erscheint in den Zusammenhängen der Kausalität, wobei wir zum zweiten Male auf Wirkungen von Kräften kommen, welche wiederum an sich unerkennbar bleiben (Syntonie). Aber wir haben auf dem

Gebiete der Biologie ein Mehr an Untersuchungsmitteln, denn wir beobachten nicht nur mit dem äußeren, sondern auch mit dem inneren Sinne, durch welchen uns die psychischen Vorgänge bewußt werden. Nun gehört der Mensch zur Natur; es wäre also gänzlich falsch, wenn er sich als Beobachter und Theoretiker außerhalb der Natur stellen würde. Daher werden und müssen die psychischen Vorgänge in der Biologie zum wenigsten der tierischen Geschöpfe eine große Rolle spielen, und es ist bekannt, daß wir bereits in den Anfängen einer experimentellen Psychologie stehen, welche sich bis auf die Infusorien herab erstreckt.

Wir haben demgemäß in der Biologie zwei Arten der möglichen Erfahrung und sind den exakten Naturwissenschaften in bezug auf die Mittel überlegen. Beide Arten der Erfahrung beziehen sich jedoch auf das nämliche Objekt und ergänzen einander. Ihr gegenseitiges Verhältnis näher zu bestimmen, wird abermals eine Aufgabe der Erkenntnistheorie sein. Beide Arten der Erfahrung werden in der Biologie einem allgemeinen Übereinkommen nach wechselweise verwertet, und zwar oft so, daß der Gelehrte von dem einen Gebiete gleichsam mit einem Sprunge in das andere Gebiet übergeht. So hatte Johannes Müller bereits die Sinnesempfindungen als Erscheinungen der Irritabilität aufgefaßt, obwohl die Reizbarkeit nach anderer Naturauffassung zum Mechanismus der Welt gehört.

Und nun komme ich zu dem letzten Punkte dieser Besprechung. Es gibt Gebiete der Biologie, wo die Betrachtung unter psychischem Gesichtspunkte wichtiger ist als die Anwendung des mechanistischen Schemas, weil letzteres zwar zur Methodik der Naturforschung gehört, aber für sich allein nicht ausreichend ist. Ich kann mit Recht sagen, es liege ein Widerspruch darin, wenn wir die Entstehung des Gehirns und der Sinnesorgane lediglich unter dem Gesichtspunkte der »Entwicklungsmechanik« betrachten wollten, weil die unmittelbare Aufgabe dieser Organe darin besteht, Empfindungen, Wahrnehmungen, Affekte, Willensbestrebungen zu vermitteln. Das Wesen des Dinges wird hier besser begriffen, wenn wir uns auf die unmittelbare Erfahrung des inneren Sinnes stützen. Praktisch genommen kommt hier in erster Linie das Orientierungsvermögen aller tierischen Geschöpfe in Betracht, welches die Amöbe ebenso besitzt wie der Mensch. Das gedachte Vermögen ist hier wie dort nicht der Art, vielmehr nur dem Grade nach verschieden. Würden wir dieses Orientierungsvermögen lediglich auf den Mechanismus der Natur zurückleiten, so würden wir aus einer wesentlichen eine wesenlose Sache machen. Man denke an eine Biene, welche über eine blumige Wiese hinwegfliegt und Nahrung sucht für ihre Nachkommenschaft. Eine solche Tätigkeit ist nur als »Brutpflege« zu begreifen; wird sie in rein mechanistischem Sinne aufgefaßt, so nimmt man der biologischen Betrachtung ihren wesentlichen Kern. Also komme ich darauf zurück, daß die mechanistische Naturauffassung zwar zur unentbehrlichen Methodik unserer Forschung gehört, aber durchaus lückenhaft ist, weil für die äußere Betrachtung der Dinge die Kräfte unerkennbar bleiben und die aus dem inneren Sinne sich ergebenden unmittelbaren Erfahrungen psychischer Art nicht berücksichtigt werden. Ich halte es aber erkenntnistheoretisch für möglich, ja für wahrscheinlich, daß die Kräfte, von denen die exakten Naturwissenschaften sprechen, in den inneren Erfahrungen als psychische Vorgänge unmittelbar zum Bewußtsein gelangen.

Literatur.

Bierens de Haan: Über die Entwicklung heterogener Verschmelzungen bei Echiniden. Arch. f. Entwicklungsmech. d. Organismen. Bd. 37. 1913.

Boveri, Th.: Die Polarität von Ovocyte, Ei und Larve des *Strongylocentrotus lividus*. Zool. Jahrb., Abt. f. Anat. und Ontogenie. Bd. 14. 1901. — Derselbe: Über die Polarität des Seeigeleies. Verhandl. d. phys.-med. Ges. zu Würzburg. Bd. 34. 1901. — Derselbe: Zellenstudien, Heft 5. Über die Abhängigkeit der Kerngröße und Zellenzahl der Seeigellarven von der Chromosomenzahl der Ausgangszellen. 1905.

Driesch, H.: Zur Verlagerung der Blastomeren des Echinideneies. Anat. Anz. Bd. 8. 1893. — Derselbe: Zur Analysis der Potenzen embryonaler Organzellen. Arch. f. Entwicklungsmech. d. Organismen. Bd. 2. 1896. — Derselbe mit Morgan: Zur Analysis der ersten Entwicklungsstadien des Centophoreneies. I. Von der Entwicklung einzelner Centophorenblastomeren. Ibid. Bd. 2. 1896. — Derselbe: Betrachtungen über die Organisation des Eies und ihre Genese. Ibid. Bd. 4. 1897. — Derselbe: Die Lokalisation morphogenetischer Vorgänge. Ibid. Bd. 8. 1899. — Derselbe: Die isolierten Blastomeren des Echinidenkeimes. Ibid. Bd. 10. 1900. — Derselbe: Studien über das Regenerationsvermögen der Organismen. 4. Die Verschmelzung der Individualität des Echinidenkeimes.

Ibid. Bd. 10. 1900. — Derselbe: Die isolierten Blastomeren des Echinidenkeimes. Ibid. Bd. 10. 1900. — Derselbe: Neue Ergänzungen zur Entwicklungsphysiologie des Echinidenkeimes. Ibid. Bd. 14. 1902. — Derselbe: Zur Cytologie parthenogenetischer Larven von *Strongylocentrotus*. Ibid. Bd. 19. 1905. — Derselbe: Neue Versuche über die Entwicklung verschmolzener Echinidenkeime. Ibid. Bd. 30. I. Abt. 1910. — Derselbe: Philosophie des Organischen. 2. Aufl. 1921.

Heidenhain, M.: Neue Untersuchungen über die Zentralkörper usw. Arch. f. mikroskop. Anat. Bd. 43. 1894. — Derselbe: Schleiden, Schwann und die Gewebelehre. Sitzungsber. d. phys.-med. Ges. zu Würzburg. 1899. — Derselbe: Beiträge zur Aufklärung des wahren Wesens der faserförmigen Differenzierungen. Anat. Anz. Bd. 16. 1899. — Derselbe: Über die Struktur des menschlichen Herzmuskels. Ibid. Bd. 20. 1901. — Derselbe: Das Protoplasma und die contractilen Fibrillärstrukturen. Ibid. Bd. 21. 1902. — Derselbe: Über Zwillings-, Drillings- und Vierlingsbildungen der Dünndarmzotten, ein Beitrag zur Teilkörpertheorie. Ibid. Bd. 40. 1911. — Derselbe: Über die Sinnesfelder und die Geschmacksknospen der Papilla foliata des Kaninchens. Beiträge zur Teilkörpertheorie III. Arch. f. mikroskop. Anat. Bd. 85. 1914. — Derselbe: Über die Noniusfelder der Muskelfaser. Beitrag IV zur synthetischen Morphologie. Anat. Hefte. Bd. 56. 1919. — Derselbe: Über die teilungsfähigen Drüseneinheiten oder Adenomeren sowie über die Grundbegriffe der morphologischen Systemlehre. Beitrag V usw. Arch. f. Entwicklungsmech. d. Organismen. Bd. 49. 1921 (auch separatim. Berlin: Julius Springer). — Derselbe: Die synthetische Theorie des tierischen Körpers abgeleitet aus dem Fortpflanzungsvermögen der geweblichen Systeme höherer Ordnung. Dtsch. med. Wochenschr. 1922. — Derselbe: Über die Entwicklungsgeschichte der menschlichen Niere. Beitrag VI usw. Arch. f. mikroskop. Anat. Bd. 97. 1923.

Hertwig, Oskar: Das Werden der Organismen. 3. Aufl. Jena 1922. — Richard: Über die Korrelation von Zell- und Kerngröße usw. Biol. Zentralbl. Bd. 23. 1903.

Klebs, Georg: Beiträge zur Physiologie der Pflanzenzelle. Untersuch. a. d. botan. Inst. zu Tübingen. Bd. 2. 1886/88.

Korschelt, E.: Regeneration. Handwörterbuch der Naturwissenschaften. Bd. 8. 1913. — Derselbe und Heider: Lehrbuch der vergl. Entwicklungsgeschichte der wirbellosen Thiere. Jena 1890.

Mangold, O.: Fragen der Regulation und Determination an umgeordneten Furchungsstadien und verschmolzenen Keimen von *Triton*. Arch. f. Entwicklungsmech. d. Organismen. Bd. 47. 1921.

Miehe, Hugo: Wachstum, Regeneration und Polarität isolierter Zellen. Ber. d. Dtsch. Botan Ges. Bd. 23. 1905.

Nusbaum und Oxner: Die Diovogonie oder die Entwicklung eines Embryos aus zwei Eiern usw. Arch. f. Entwicklungsmech. d. Organismen. Bd. 36. 1913.

Pleßner, Helmut: Vitalismus und ärztliches Denken. Klin. Wochenschr. 1922. Nr. 39.

Roux, W.: Beiträge zur Entwicklungsmechanik des Embryo. V. Über die künstliche Hervorbringung halber Embryonen durch Zerstörung einer der beiden ersten Furchungszellen usw. 1888. Gesammelte Abhandlungen über Entwicklungsmechanik II. Leipzig: Engelmann 1895. — Derselbe: Über das entwicklungsmechanische Vermögen jeder der beiden ersten Furchungszellen des Eies. 1892. Ibid. — Derselbe: Beiträge zur Entwicklungsmechanik des Embryo. VII. Über Mosaikarbeit und neuere Entwicklungshypothesen. 1893. Ibid. — Derselbe: Über richtende und qualitative Wechselwirkungen zwischen Zelleib und Zellkern. 1893. Ibid. — Derselbe: Ibid. S. 1004 (Nachwort). — Derselbe: Zu H. Drieschs analytischer Theorie der organischen Entwicklung. Arch. f. Entwicklungsmech. d. Organismen. Bd. 4. 1896. — Derselbe: Referat über Drieschs »Die organischen Regulationen«. Bd. 13. 1902. — Derselbe: Über die Selbstregulation der Lebewesen. Ibid. Bd. 13. 1902. — Derselbe: Die Entwicklungsmechanik ein neuer Zweig der Biologie. Leipzig: Gust. Fock 1905. — Derselbe: Terminologie der Entwicklungsmechanik. Leipzig 1912. — Derselbe: Die Selbstregulation ein charakteristisches und nicht notwendig vitalistisches Vermögen aller Lebewesen. Nova Acta Leopoldinae. Bd. 100. Halle a. d. S.: Lippertsche Buchhdl. (Niemeyer) 1914. Enthält die Widerlegung von Drieschs Theorie.

Townsend, Ch. O.: Der Einfluß des Zellkernes auf die Bildung der Zellhaut. Jahrb. f. wiss. Botanik. Bd. 30. 1897.

Wilson, Edmund B.: On multiple and partial development in *Amphioxus*. Anat. Anz. Bd. 7. 1892. — Derselbe: The cell in development and inheritance. 1904.

Winkler, H.: Entwicklungsmechanik oder Entwicklungsphysiologie der Pflanzen. Handwörterbuch der Naturwissenschaften. Bd. 3. 1913.